中国少儿百科知识全书
岩石与矿物
闪闪发光的宝藏

中国少儿百科知识全书
水 的 旅 行
奇妙的地球环游记

中国少儿百科知识全书
神奇的鸟类
精彩的空中猎人

中国少儿百科知识全书
有趣的力学
看不见的魔法师

中国少儿百科知识全书
飞越太阳系
人类的太空家园

中国少儿百科知识全书
地球的故事
46亿年的奇迹

中国少儿百科知识全书
西方艺术
美的无限延伸

中国少儿百科知识全书
印 度 文 明
多彩而神秘

中国少儿百科知识全书
南极和北极
前往世界尽头

中国少儿百科知识全书
鲸豚王国
从四足小兽到海洋巨兽

中国少儿百科知识全书
奇趣物理
小到微粒，大至宇宙

中国少儿百科知识全书
化学世界
危险又迷人

中国少儿百科知识全书
太 空 之 旅
从遥望星空到穿越虫洞

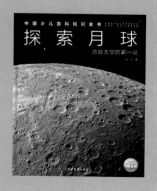

中国少儿百科知识全书
探 索 月 球
进驻太空的第一站

中国少儿百科知识全书 **精装典藏本**
ENCYCLOPEDIA FOR CHILDREN
精彩内容持续更新，敬请期待

ENCYCLOPEDIA FOR CHILDREN

中 国 少 儿 百 科 知 识 全 书

化 学 世 界

危险又迷人

左 馨 / 著

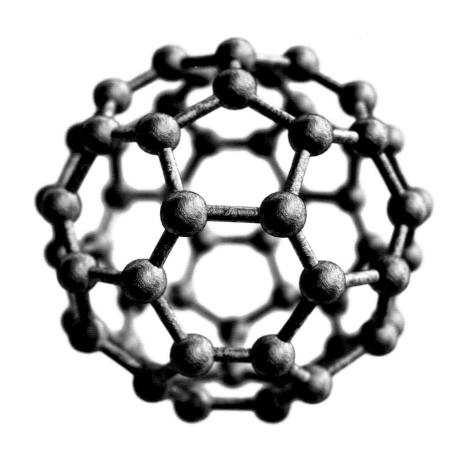

少年儿童出版社

很长一段时间里，化学研究只是方士、炼金术士和药剂师的无心之举，化学成为一门独立的学科不过短短几百年。

坚信能从尿液中炼出黄金的布兰德发现了第一种元素——磷，自此，化学家纷纷踏上了寻找元素之旅。一些人化身"试毒勇士"，品尝新制得的物质，并乐此不疲。18世纪，门捷列夫玩起了"卡牌"游戏，把那些漫无秩序的元素巧妙地安排在周期表里。周期表上的大多数元素都不安分，它们彼此结合，构成各种化学物质。城市、交通、房屋、衣服、食物……你看到的一切都与化学息息相关。就连呼吸也

中国少儿百科知识全书
ENCYCLOPEDIA FOR CHILDREN

总　序

科技是第一生产力，人才是第一资源，创新是第一动力，这三个"第一"至关重要，但第一中的第一是人才。千秋基业，人才为先，没有人才，科技和创新皆无从谈起。不过，人才的培养并非一日之功，需要大环境，下大功夫。国民素质是人才培养的土壤，是国家的软实力，提高全民科学素质既是当务之急，也是长远大计。

国家全力实施《全民科学素质行动规划纲要（2021—2035年）》，乃是提高全民科学素质的重要举措。目的是激励青少年树立投身建设世界科技强国的远大志向，为加快建设科技强国夯实人才基础。

科学既庄严神圣、高深莫测，又丰富多彩、其乐无穷。科学是认识世界、改造世界的钥匙，是创新的源动力，是社会文明程度的集中体现；学科学、懂科学、用科学、爱科学，是人生的高尚追求；科学精神、科学家精神，是人类世界的精神支柱，是科学进步的不竭动力。

孩子是祖国的希望，是民族的未来。人人都经历过孩童时期，每位有成就的人几乎都在童年时初露锋芒，童年是人生的起点，起点影响着终点。

培养人才要从孩子抓起。孩子们既需要健康的体魄，又需要聪明的头脑；既需要物质滋润，也需要精神营养。书籍是智慧的宝库、知识的海洋，是人类最宝贵的精神财富。给孩子最好的礼物，不是糖果，不是玩具，应是他们喜欢的书籍、画卷和模型。读万卷书，行万里路，能扩大孩子的眼界，激发他们的好奇心和想象力。兴趣是智慧的催生剂，实践是增长才干的必由之路。人非生而知之，而是学而知之，在学中玩，在玩中学，把自由、快乐、感知、思考、模仿、创造融为一体。养成良好的读书习惯、学习习惯，有理想，有抱负，对一个人的成长至关重要。

为孩子着想是成人的责任，是社会的责任。海豚传媒

与少年儿童出版社是国内实力强、水平高的儿童图书创作与出版单位，有着出色的成就和丰富的积累，是中国童书行业的领军企业。他们始终心怀少年儿童，以关心少年儿童健康成长、培养祖国未来的栋梁为己任。如今，他们又强强联合，邀请十余位权威专家组成编委会，百余位国内顶级科学家组成作者团队，数十位高校教授担任科学顾问，携手拟定篇目、遴选素材，打造出一套"中国少儿百科知识全书"。这套书从儿童视角出发，立足中国，放眼世界，紧跟时代，力求成为一套深受 7 ~ 14 岁中国乃至全球少年儿童喜爱的原创少儿百科知识大系，为少年儿童提供高质量、全方位的知识启蒙读物，搭建科学的金字塔，帮助孩子形成科学的世界观，实现科学精神的传承与赓续，为中华民族的伟大复兴培养新时代的栋梁之材。

"中国少儿百科知识全书"涵盖了空间科学、生命科学、人文科学、材料科学、工程技术、信息科学六大领域，按主题分为120册，可谓知识大全！从浩瀚宇宙到微观粒子，从开天辟地到现代社会，人从何处来？又往哪里去？聪明的猴子、忠诚的狗、美丽的花草、辽阔的山川原野，生态、环境、资源，水、土、气、能、物，声、光、热、力、电……这套书包罗万象，面面俱到，淋漓尽致地展现着多彩的科学世界、灿烂的科技文明、科学家的不凡魅力。它论之有物，看之有趣，听之有理，思之有获，是迄今为止出版的一套系统、全面的原创儿童科普图书。读这套书，你会览尽科学之真、人文之善、艺术之美；读这套书，你会体悟万物皆有道，自然最和谐！

我相信，这次"中国少儿百科知识全书"的创作与出版，必将重新定义少儿百科，定会对原创少儿图书的传播产生深远影响。祝愿"中国少儿百科知识全书"名满华夏大地，滋养一代又一代的中国少年儿童！

中国科学院院士
火山地质与第四纪地质学家　

目 录

悠久的历史

当我们的祖先使用火时，当他们开始把植物当作药材时，当他们为了长寿而沉迷于炼丹时……他们已经开始了化学之旅。

化学放大镜

原子内部有一个微观世界：质子和中子在位于中心的原子核内缓慢移动，电子像云团一样在原子核外四处飘荡……

了不起的化学元素

元素无处不在，你身体内流淌的血液、你呼吸的氧气、吹过的风、遥望的星空，都是元素的"杰作"。

奇妙的化学反应

大自然是位了不起的化学家，它将不同的物质巧妙地"调配"在一起，创造了许多不可思议的化学变化。

化学与生活

从古至今，化学一直陪伴着我们，深入我们生活的方方面面。它缔造过辉煌，也带来过灾难。

附　录

揭秘更多精彩!

奇趣AI动画

走进"中百小课堂"
开启线上学习

让知识动起来!

扫一扫，获取精彩内容

灿烂的中国发明

中国的化学与工艺史悠久漫长，而又丰富多元。陶瓷、漆器、冶金、造纸、火药、炼丹术……这些发明和创造如同一座座不灭的灯塔，在滚滚的历史长河中熠熠生辉。

清代雕漆皇帝宝座

陶瓷工艺

原始陶器出现于旧石器时代晚期至新石器时代早期，它们大多是在柴草堆中烧出来的。至迟七八千年前，中国出现了陶窑，用黏土烧制的陶器早期以红陶为主，后渐渐过渡到灰陶、黑陶和白陶。商周时期，人们发现将高岭土、长石和石英混合制成的陶胚置于 1200℃ 的高温中煅烧，成品不仅表面光滑，质地坚硬，还不易渗出液体。这种陶器被称为釉陶，也就是原始青瓷。魏晋时期，制瓷技术迅猛发展，陶器完成了向瓷器的过渡。青瓷作为中国独创的发明，在世界历史上留下了浓墨重彩的一笔。

大汶口文化时期的彩陶背壶

龙山文化时期的红陶鬶

三国时期吴国的青瓷魂瓶

漆器工艺

早在大约 8000 年前，中国古人就开始制作漆艺工具、器皿了。人们将漆液（漆树分泌的汁液，也叫生漆）涂饰在各种器物表面，漆液中的漆酚发生化学反应，就会在器物表面形成一层漆膜（也叫漆层）。早期制作漆器时，古人常常往漆液里掺入桐油等干性植物油。再把各种颜料混入漆液，制成色漆，用以绘制各种花纹图案，由此形成了独具风格的漆器。

明清时期的漆器

造纸术

在纸还没有被发明之前，古人多在龟甲、兽骨、金石、竹简、木牍上记录事物。西汉时期，出现了丝质纸和麻质纸，但因为工艺繁复、用料昂贵，普通人根本用不起。公元 105 年，东汉人蔡伦发明了用树皮、破布、旧渔网等原料制成的纤维纸。后来，这一技术传入阿拉伯，再由阿拉伯传入欧洲。

冶金技术

从含有某种金属的矿石中，用化学方法把金属提炼出来，就是冶金。约 4500 年前，中国古人已经懂得开采氧化铜矿（如孔雀石）来炼铜，随后，又冶炼出锡和铅。由铜、锡、铅熔合炼制的青铜，被广泛用作食器、货币、兵器……在冶炼青铜的生产实践中，中国古人熟练掌握了高温技术，为冶铁打下了坚实的基础。春秋战国时期，铸铁技术已近纯熟，铁器开始走进寻常家庭。

商代晚期的后母戊鼎（曾称司母戊鼎）重约 833 千克，通高 133 厘米，是现存最大的商代青铜器。

炼丹术

炼丹术在中国历史悠久，以战国时期或秦代为开端，盛行于汉武帝时期。汉武帝偏爱方术，渴求长生不老的奇药，各地方士也因此搞出了许多名堂。在当时炼丹术的残存记录里，汞、铅、雄黄等都是常见的原料。东汉时期，炼丹家魏伯阳撰写了世界上现存最早的一部炼丹术著作——《周易参同契》，首次提及炼丹用的丹鼎（炼丹炉）。到了晋代，炼丹家葛洪著写《抱朴子内篇》，全面论述了中国的炼丹术。

炼丹活动推动了火药的发明，炼丹时所用的原料众多，稍有不慎，就会引发爆炸。

元代青铜火铳

火 药

火药是中国化学史上最伟大的发明之一，诞生于 1000 多年前。当时发明的火药是硝酸钾、硫黄、炭化皂角的混合物，现在被称为黑色火药。这 3 种物质在密闭的陶罐、石孔里混合燃烧时，释放的热能和产生的大量气体无处可去，就会产生爆炸。将威力巨大的火药运用到武器上，是武器史的一大进步。在此之前，古代军事家常用火攻来克敌制胜。用以发火的物质不是火药，而是油脂、松香、硫黄之类的易燃物质。

造纸生产过程

这是中国明代设计的火箭（火龙出水）模型，龙身两侧前后扎有 4 只大火药喷筒，龙腹内装有多枚靠引线与火药喷筒相连的火箭。

漫长的 化学之旅

当我们的祖先第一次发现火时，当他们制造出第一个陶器时，当他们关注颜料的色彩时，当他们开始把植物用作药材时，当他们为了长寿而沉迷炼丹时……他们已经开始了化学之旅。

化学的萌芽时期
（100多万年前—约公元前1500年）

火的使用
100多万年前

人类一出现，就与化学结下了不解之缘。100多万年前，原始人类发现了火，被火烤熟的食物散发出独特的香气，并且十分美味。他们想办法保留火种，后来又学会了钻木取火。

制作陶器
约20 000年前

在见识过泥土的黏性和可塑性后，已经学会控制火的古人开始制作陶器。从篝火式制陶到炉灶式制陶，陶器的种类越来越多样，样式越来越精美。

龙山文化时期的黑陶盉

铜的冶炼
约7000年前

寻找石器时，人们意外发现了铜矿。早期，人们冶炼氧化铜矿来获取金属铜。后来，冶炼制得砷铜和镍铜。再后来，含锡青铜出现，铜器迎来了全盛时代。

铁的冶炼
4000多年前

青铜器兴盛之时，铁已经登上了历史舞台。人们使用铁（早期为陨铁）已有5000多年的历史，而人工冶铁产品最早出现在4000多年前。

汉代冶铁遗址复原图

中国最早的陨铁文物是商代中期的藁城铁刃铜钺。

山西青铜博物馆

炼丹术
约2300年前

为了炼出让人"长生不老"的丹药，中国古代方士将辰砂（又称朱砂）等矿物放在炉火中烧炼。据记载，秦始皇陵中流动的水银构成了"江河湖海"，彼此纵横交错。

近代化学孕育时期
（1650—1775年）

玻意耳

炼金术
约公元900年

闪闪发亮的黄金太过稀少，人们只好寄希望于将普通金属炼为黄金。于是，炼金术士这一职业变得时兴，约公元900年，著有《秘典》的波斯炼金术士拉齐最为知名。

天然药物
约公元77年

古罗马医师迪奥斯科里季斯发现许多植物都是天然的药材，他将自己的见闻记录成册，著成当时最为齐全的制药手册——《药物论》。

富勒烯分子结构

分离石墨烯
2004年

20世纪，随着纳米技术的进步，富勒烯和碳纳米管相继被发现。2004年，石墨烯片层得以成功分离，这意味着它将在计算机和航天航空等领域大展身手。

分离放射性元素
1902年

19世纪末20世纪初，物理学和化学进入高速发展期。著名化学家玛丽·居里与其丈夫皮埃尔·居里从数吨沥青铀矿残渣中分离出微量氯化镭。

人工合成牛胰岛素
1965年

1965年，世界上首次人工合成的牛胰岛素（一种蛋白质）在中国诞生，它对生命科学等领域产生了重大影响。

人工合成核酸
1981年

中国科学家王德宝等人完成了酵母丙氨酸转移核糖核酸的全合成工作，这是世界上第一个人工合成的具有全部生物活性的RNA分子。

**门捷列夫
元素周期表**
1869年

随着电化学的发展，越来越多的元素被发现，可如何排列它们却难倒了化学家。俄国化学家门捷列夫提出了一种全新的元素排列方式——门捷列夫元素周期表。

阿伏伽德罗

阿伏伽德罗假说
1811年

意大利科学家阿伏伽德罗发表了阿伏伽德罗假说（后称阿伏伽德罗定律），并提出"分子"概念以及原子与分子的区别。

门捷列夫

怀疑派化学家
1661年

罗伯特·玻意耳是近代化学的奠基人。他在《怀疑的化学家》一书中，提出了化学元素的概念，认为所有物质都是由几种用已知方法无法分解的运动颗粒组成的。

道尔顿

道尔顿原子学说
1808年

英国科学家道尔顿发表了原子学说，首次提出物质是由不可再分的微粒"原子"组成的，合理地解释了当时发现的化学现象。

普里斯特利

发现磷元素
1669年

德国炼金术士亨尼格·布兰德不分昼夜地蒸馏人尿，他坚信金黄色的尿液能炼出黄金。在多次尝试之后，他却发现了一种在空气中闪着奇异绿光的物质——白磷。

电化学反应
1807年

在化学家辈出的时代，英国化学家汉弗莱·戴维开展了大量与电和气体有关的实验。他于1807年首次借助熔盐电解法，制得金属钾和钠，随后又制得许多其他金属。

拉瓦锡

《燃烧概论》发表
1777年

法国科学家安托万-洛朗·德·拉瓦锡推动化学成为一门严谨的科学，他通过定量化学实验，推翻了风靡一时的燃素说，并于1777年发表了《燃烧概论》这一报告。

发现氧气
1774年

气体一直吸引着化学家的兴趣。英国化学家约瑟夫·普里斯特利在加热氧化汞时，发现氧化汞很快被分解，并释放出一种使火焰越烧越旺的气体，这便是氧气。

戴维

布兰德

磷是第一个被人类发现的元素。

定量化学时期
（1775—1900年）

敲开科学的大门

很长一段时间里，化学研究只是炼金术士和药剂师的无心之举，化学成为一门独立的学科不过短短几百年。在这几百年里，许多化学爱好者前赴后继，推动化学快速发展，而玻意耳可谓是近代化学的先驱者。

庄园里的实验室

英国化学家罗伯特·玻意耳出身于一个贵族家庭。他从小非常聪明，因为不愿意按部就班地接受学校教育，12岁的玻意耳在一位家庭教师的陪伴下，开始四处游学。其间，玻意耳广泛接触和了解了伽利略、笛卡儿等人的思想，这些知识养分滋养着他，也启发着他。1643年，玻意耳继承了一份丰厚的遗产，他率先在位于爱尔兰的庄园里建起了一个简易的实验室。就这样，玻意耳开启了他的科学实验生涯。

罗伯特·玻意耳（1627—1691）

玻意耳出生于爱尔兰，是近代化学的奠基人。他是第一位阐述化学元素本性的科学家，发现了玻意耳定律。

1661年，玻意耳的《怀疑的化学家》问世。在书中，玻意耳否定了四元素说（万物由土、气、水、火四种元素组成），指出元素是一种不能分解的物质。

好奇与怀疑

1654年，玻意耳迁往英国牛津，在那里建立起一个颇具规模的化学实验室。在英国科学家罗伯特·胡克的协助下，玻意耳对德国科学家奥托·冯·盖利克发明的空气泵做了改进，并投入对气体的研究之中。借助实验，玻意耳论证了空气具有质量和弹性，指出毛细现象与大气压力无关……这些前沿的观点一经发表就备受质疑。玻意耳继续实验，

1662年，他发现往密闭的容器中充入一些气体，如果温度没有变化，气体的体积会随着压强的增大而减小。玻意耳猜想，数不清的微粒弥漫在空气里，彼此之间存在空隙，当施加外力（压强变大）时，这些微粒可以靠得更近一些，尽管人们肉眼无法察觉。

1659年，玻意耳与胡克一同改进的空气泵问世。

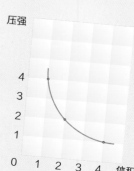

发现气体的规律

玻意耳最初使用的是一支一端封死、一端敞开的U形玻璃管，其中充满水银，封闭的一端留有一部分空气。当在开口一端加入水银时，封闭一端的空气体积会变小。随后，玻意耳又用玻璃活塞进行了这一实验，发现只要温度不变，空气的体积与加在上面的压力始终成反比，于是将其总结成定律。

气球怎么变大了?

1. 在家长协助下,准备一个注射器,拔掉针头。将一个气球塞入注射器内,气球开口端缠绕住针孔四周。用左手食指堵住气球和针孔。

2. 右手移动活塞轴,观察气球的变化。如果向外拉动活塞轴,注射器内的空气压强变小,这时气球膨胀,气球内的压强随之也变小。

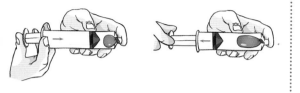

石 蕊

紫罗兰变红了

在一次实验中,玻意耳无意间将盐酸洒到了实验桌上摆放的紫罗兰花瓣上。爱花的玻意耳连忙用水冲洗,不一会儿,紫罗兰的花瓣竟由紫色变成了鲜红色。玻意耳备感新奇,也十分激动,他决定寻根究底。于是,他又用各种颜色的花草与酸、碱性物质混合实验,并观察花草颜色的变化。他发现多数花草的颜色都会改变,其中来自寒冷地带的石蕊最为特别,它遇到酸性物质变成红色,遇到碱性物质变成蓝色。

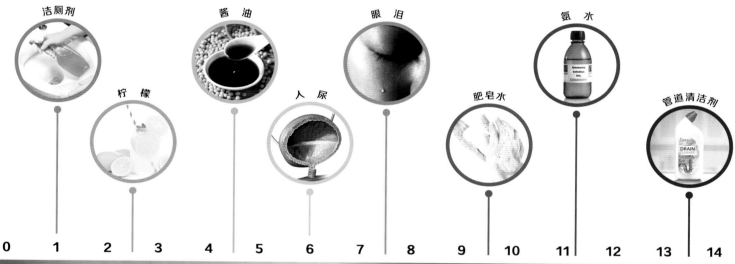

洁厕剂　柠檬　酱油　人尿　眼泪　肥皂水　氨水　管道清洁剂

0　1　2　3　4　5　6　7　8　9　10　11　12　13　14

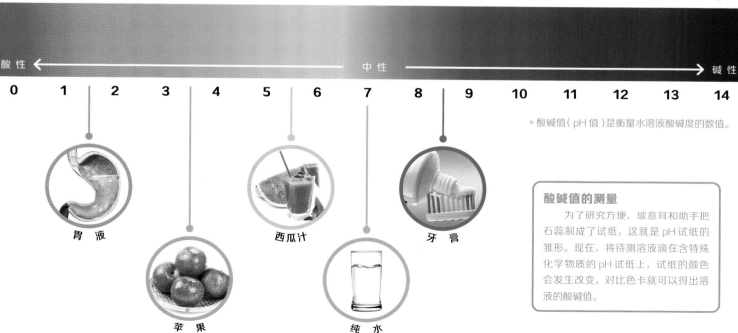

酸性 ←　　　　　中性　　　　→ 碱性

0　1　2　3　4　5　6　7　8　9　10　11　12　13　14

* 酸碱值(pH 值)是衡量水溶液酸碱度的数值。

胃液　苹果　西瓜汁　纯水　牙膏

酸碱值的测量

为了研究方便,玻意耳和助手把石蕊制成了试纸,这就是 pH 试纸的雏形。现在,将待测溶液滴在含特殊化学物质的 pH 试纸上,试纸的颜色会发生改变,对比色卡就可以得出溶液的酸碱值。

普里斯特利（左）和朋友下棋，身后陈列的是一套气体实验装置。

气体与文明

继玻意耳之后，科学家纷纷告别炼金术，开始忙于真正的化学实验，以证明自己是正确的，别人是错误的！那时，关于气体的实验研究非常时兴。

与辉煌失之交臂

英国化学家约瑟夫·普里斯特利一直思考着不少有关空气的问题。1774 年，在加热一种红色沉淀物（氧化汞）时，普里斯特利收集到了一种奇特的气体，它让蜡烛的燃烧变得强烈，也让呼吸变得格外舒畅。随后，普里斯特利前往巴黎，拜访了法国化学家拉瓦锡，向他演示了自己从氧化汞中提取这种气体的实验。可惜的是，普里斯特利十分坚持"燃素说"，还把这种气体命名为"脱燃素空气"。

揭开燃烧的奥秘

会面之后，拉瓦锡非常兴奋，不断重复着普里斯特利的实验。不同的是，他一点也不古板，对"燃素说"充满质疑。为了找到真相，拉瓦锡设计出一套精密的装置，将一个曲颈瓶与一个钟形的玻璃罩连通。他在曲颈瓶里装入水银，然后用炉子昼夜不停地加热曲颈瓶。很快，一些红色的渣滓出现在水银光亮的表面。拉瓦锡继续等待，一直到了第 20 天，拉瓦锡发现红色渣滓不再增多，而另一端的钟罩内，空气的体积大约减少了五分之一。

拉瓦锡将红色的渣滓收集起来，再高温加热它，又重新得到了一种气体，不可思议的是，它居然与原先钟罩里减少的气体一般多。几年后，拉瓦锡正式提出，这是一种可以参与燃烧的气体，并将其取名为氧。

被"污染"的空气和被"净化"的空气

在制得令人心旷神怡的氧气之前，普里斯特利还发现了一种可以毒死动物、却很难毒死植物的气体——二氧化碳。在一个装有二氧化碳的密闭容器中，植物能够以某种方式将容器里的空气"解毒"。

知识加油站

可乐深受人们喜爱，如果追根溯源，那我们得要好好感谢普里斯特利先生！他制得了二氧化碳，还把它溶解在水里，结果味道好极了。

为了进一步验证自己的猜想，拉瓦锡还用上了天平。结果显示，参与反应的物质总量在反应前后是相同的，也就是质量守恒。

"燃素说"是对是错?

17至18世纪，化学家发现，物质燃烧质量会变轻，并坚信这是一种叫作燃素的东西在"捣鬼"：易燃的物质包含大量燃素，当它们燃烧时，燃素脱离出来，跑到空气里。可是，为什么有些金属在燃烧之后，反而变重了呢?

是原子还是分子?

英国化学家汉弗莱·戴维是第一个用电来分离元素的人，这个过程后来被称为电解。在此之后，越来越多的气体被化学家分离出来，有些气味怡人，有些却臭气熏天。它们到底有什么不同? 化学家一时争论不休。

普里斯特利

我制得的是"脱燃素空气"，它可以夺去蜡烛里的燃素，所以会让燃烧变得旺盛。燃烧一段时间后，这种气体"吸饱"了燃素，变成浊气，燃烧就停止了。

道尔顿

氢气、氧气、氮气……这些气体都是由单个原子构成的，它们的本质没有区别，只是组成它们的原子质量不同而已。

一派胡言! 加热氧化汞时，产生的是一种叫作氧的气体。这种气体十分纯净，是空气的一种成分，它参与物质的燃烧，燃烧时会被消耗掉。

拉瓦锡

我不同意! 氢气、氧气、氮气……这些气体都是由两个相同种类的原子结合在一起形成的，分别构成不同的分子。

阿伏伽德罗

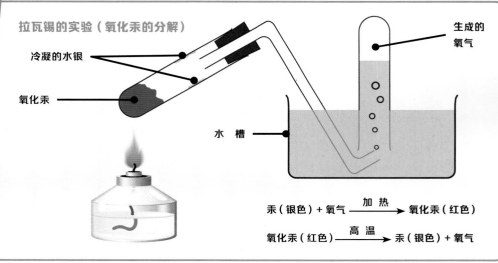

拉瓦锡的实验（氧化汞的分解）

生成的氧气

冷凝的水银

氧化汞

水槽

$$汞（银色）+氧气 \xrightarrow{加热} 氧化汞（红色）$$

$$氧化汞（红色）\xrightarrow{高温} 汞（银色）+氧气$$

原子与分子

　　原子学说的确立和分子概念的提出打开了近代化学的大门，科学家纷纷投身各种原子的研究。他们发现原子并非不可分割，相反，原子的内部存在一个奇妙的世界。更为微小的粒子有的安静地相互簇拥，有的不知疲倦地高速运动着。

　　当原子被放大1000万倍时，科学家发现了一个奇特的微观世界：质子和中子在位于中心的原子核内缓慢移动，电子像云团一样在原子核外四处飘荡。质子和中子几乎一样重，质子俘获一个电子，就成了中子。

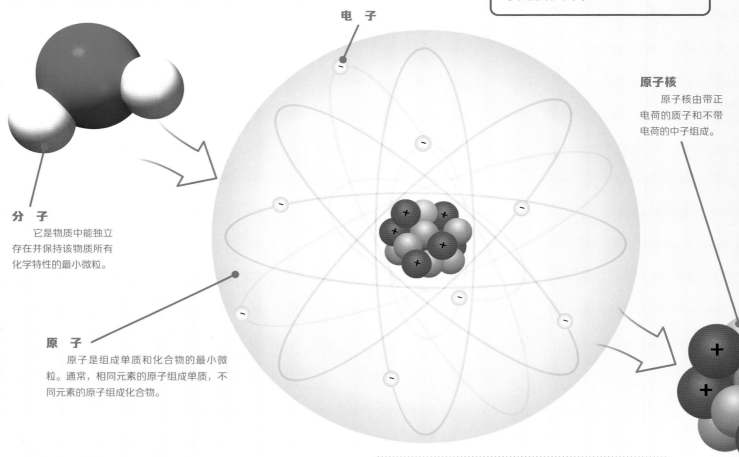

电子

原子核
　　原子核由带正电荷的质子和不带电荷的中子组成。

分子
　　它是物质中能独立存在并保持该物质所有化学特性的最小微粒。

原子
　　原子是组成单质和化合物的最小微粒。通常，相同元素的原子组成单质，不同元素的原子组成化合物。

原子：像气泡一样

　　早在公元前4世纪，古希腊哲学家德谟克里特就提出了原子的概念。他认为物质是由不可再分的物理微粒构成的，这些微粒就是万物的本原——原子。

　　现在我们知道，原子是化学反应中不可分割的基本微粒，它们永不停息地做着无规则运动。我们看到的每一处风景，听到的每一段旋律，闻到的每一丝气味，都是四处游走的原子产生的。我们最熟悉的氧原子，就像一个气泡，大部分物质都集中在气泡中心，中心的位置被称为原子核。氧原子的8颗电子围绕着中心原子核，在硕大的气泡中间和边缘游荡。

发现原子核：α粒子散射实验

　　卢瑟福不停重复他的散射实验——用α射线射击薄薄的重金属箔片。结果，绝大部分α粒子（带正电荷）都径直穿过箔片，但有少数发生了较大的偏转，甚至被弹回。卢瑟福猜想：原子的中心，一定存在一个很小的区域，几乎集中了原子的全部质量和正电荷。

荧光屏

重金属箔片

α粒子源

2.74亿种！

据ACS（美国化学会）数据库显示，截至2023年，人类已知的化学物质超过2.74亿种，其中化合物的数量超过1.95亿种，并且每天都在增加。

分子：千变万化的组合

当两个或者更多的原子相遇，它们相互碰撞组合在一起，分子便形成了。孤零零的氧原子有时喜欢与另一枚氧原子待在一起，构成氧气分子。有时，3个氧原子抱团结合在一起，又会变成臭氧分子。还有些时候，氧原子会与两枚个头更小的氢原子牵手，形成水分子。总之，相同或不同种类的原子自由组合，变成了各种各样的分子。

简单的分子

我们周围的大多数物质都是化合物，它们至少由两种元素组成。

乙醇是各类酒精饮料（仅成人可饮用）的主要成分。

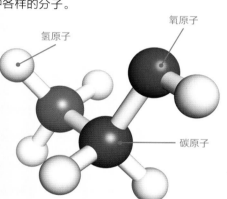

氢原子

氧原子

碳原子

碳原子

氧原子

氢原子

葡萄糖可以聚合形成高分子化合物。

复杂的分子

有些分子中含有数百个甚至数千个原子，为了建构复杂的结构，碳原子付出了巨大的努力。

蜂蜜和其他大多数甜品中都含有丰富的葡萄糖。

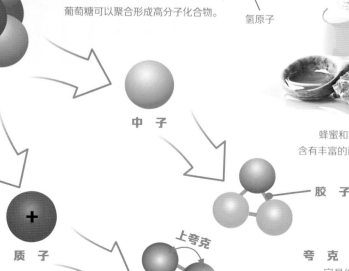

中子

胶子

质子

上夸克

下夸克

夸克

它是组成质子或中子等强子的基本粒子。

原子模型的演变

20世纪以前，人们一直以为原子是最小的微粒。直到借助物理实验，科学家才注意到原子内部也有一个迷你世界。

葡萄干布丁模型

1897年，英国物理学家约瑟夫·约翰·汤姆孙在研究阴极射线时，发现了电子。这种微小的粒子带负电荷，比氢原子还轻得多。它们均匀地分布在原子的内部，好似点缀在布丁里的葡萄干。

原子行星模型

1911年，英国物理学家欧内斯特·卢瑟福和学生一同完成了α粒子散射实验，发现原子的中心有一个致密的带正电的核，这个核酷似太阳，带负电荷的电子像行星一样围绕"太阳"旋转。

量子轨道模型

丹麦物理学家尼尔斯·玻尔认为电子运行在原子核外许多分离的圆形轨道上，在不同轨道上运行的电子各有确定的能量。由于十分直观，人们现在仍常用这一模型来描述原子内部电子的运动。

电子云模型

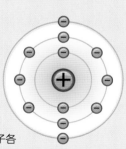

电子环绕在原子核外，毫无规律地极高速运动。不过，它们更爱出现在某些地方，其运动的轨迹看上去像一片朦胧的云。这就是今天最普遍接受的电子云模型。

约 $\frac{1}{1000}$

（缩小

地　球
直径约 1 270 000 000 厘米

微粒间的黏合剂

　　大多数原子压根儿不爱独处，它们总爱寻找和自己相同或不同的原子，想方设法把对方吸引过来，再用上强力"黏合剂"，和对方黏在一起，变成一个稳定的分子。

盐　晶

　　食盐的主要成分——氯化钠是由离子键形成的，一个钠原子将一个电子提供给一个氯原子，就成了钠离子和氯离子。这些离子像砖块一样连接排列在一起，最后形成了氯化钠晶体。

电子捍卫战

　　一旦自己的电子逃窜出去，原子绝不会置之不理，它会与一旁的原子较量一番。如果对方太过强大，原子就不得不失去一个或几个电子，变成正离子；而另一旁的原子得到这些电子，就会变成负离子。这就好比自己心爱的玩具被抢走了。最后，正负两种离子之间，形成离子键。

　　如果势均力敌，原子不仅竭力护住自己的电子，还想拉拢对方的电子。二者僵持不下，只好化敌为友，共用一对或几对电子。这就好比你和朋友都想得到对方的玩具，为了和谐共处，你们各自把玩具拿出来一起分享。两个原子都被共用电子对吸引，就形成了共价键。

离子键

钠原子最外层的电子被氯原子夺走，它们各自成为正负离子。

非极性共价键

两个氯原子在一起时，它们各自拿出一个电子彼此分享，形成稳定的氯气分子。

极性共价键

氢原子也愿意与氯原子共享电子，只不过氯原子引力更大，共用电子对离它更近。

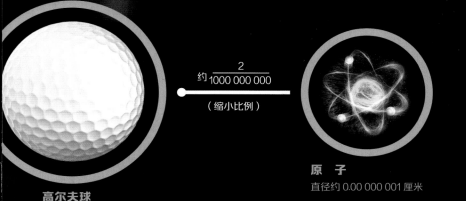

高尔夫球
直径约 4 厘米

约 $\frac{2}{1000\,000\,000}$
（缩小比例）

原子
直径约 0.00 000 001 厘米

迷你太阳系

在太阳系里，八大行星被牵引着围绕太阳旋转，而原子内部也像一个"迷你太阳系"。位于中心的质子带有正电荷，中子不带电荷，而那些环绕原子核四处乱窜的电子带有负电荷。质子和电子"异性相吸"，形成了一股静电力，不论电子如何运动，总受质子"牵引"。这样说来，似乎每一个原子的内部世界都一派祥和。可是，偏偏有一些电子不安分，它们常常跑出自己的活动区域，投奔到旁边原子的阵营里。

分子之间的黏合剂

原子与原子结合变成分子之后，便安分了许多，可是分子也害怕孤单。它们在身上"涂"上一层黏合剂，努力吸引周围的邻居。不过，与原子之间的"黏性"相比，这种黏合剂的黏性要弱得多，而且还会随着温度升高而变小。科学家把这种黏性称为分子间作用力（含范德瓦尔斯力和氢键等）。

最常见的水分子之间充满这种黏性。当温度较低时，黏性较大，分子之间排列得井然有序，形成固态的冰。随着温度升高，一些水分子之间的黏性消失，水分子排列得不再那般有序，成为液态的水。如果温度继续升高，黏性变得非常弱，水分子四处逃窜，就成了水蒸气。

气态： 气态物质的粒子四处游荡，彼此相距很远。它们移动迅速，且没有固定的路线。

液态： 构成液体的粒子彼此靠得很近。它们可以运动，但不能轻易改变相互之间的距离。

固态： 大多固体中的粒子一个挨着一个，组成"点阵"，就像造房子的脚手架一样，相互攀拉，牢牢结合在一起，从不随便变换位置。

气态、液态和固态是物质常见的3种存在状态，通过对物质进行加热或冷却，人们几乎可以让所有物质实现三态间的转换。

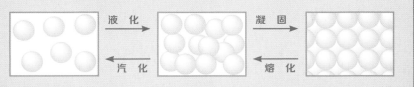

氢 键

除了范德瓦尔斯力这种弱静电作用力，水分子和水分子的结构之间还存在一种更强的力——氢键。水分子的结构形似米老鼠的脑袋，耳朵处有轻微的正电性，脸颊处有轻微的负电性，一个水分子的耳朵贴住另一个水分子的脸颊，正负相吸，就形成了氢键。在冰的结构中，5个水分子靠氢键作用，形成了以4个氧原子为顶点的正四面体结构单元，这种结构使冰晶呈六方堆积，因此形态万千的雪花多呈六角形。

知识加油站

一直以来，科学家认为最小的水滴是由 6 个水分子组成的水团簇。但中国科学家的最新研究发现，5 个水分子也可以形成具有三维立体结构的水团簇，成为小水滴。

轰！元素诞生了

各式各样的原子构成了宇宙万物，而每一个原子都属于某一种元素。最早的元素伴随着宇宙大爆炸诞生。经历了漫长的一段时光，宇宙中才有了更多元素。这些元素在浩瀚的宇宙中游荡，它们中的一些来到地球，塑造了我们身边的一切。

聚变，聚变，再聚变

一旦多数的氢耗尽，恒星开始冷却，核心开始坍缩，释放出巨大的热量。氦在 1 亿℃的条件下，"燃烧"为碳和氧。小质量恒星的氦"燃烧"殆尽后，在宇宙中留下一个充满碳和氧的白矮星。大质量恒星会继续以碳为核燃料，生成氖等。温度继续升高，类似的反应继续发生，直到生成铁为止。

氢原子浓浆

大约 138 亿年前，宇宙从一个无比致密的点爆炸而来。那一瞬间，宇宙的温度高达 100 亿℃以上，质子和中子开始形成。30 万年后，氢原子诞生了，形成一大团炙热的氢原子"浓浆"，其中还夹杂有少量的氦和微量的锂。

白矮星爆炸

那些小质量恒星会在漫长的岁月里变成白矮星，一些白矮星非常幸运，与恒星组成双星系统。白矮星不停吸积伴星的质量，终有一日承受不住，炸裂成 Ia 型超新星。

超新星爆发

当大质量恒星变成一个大铁球，它的压力变得非常巨大。电子被压入原子核内，将质子转变为中子。外壳层物质砸向坍缩的恒星核心，引起剧烈的爆炸，超新星（Ⅱ型）就此爆发。爆发过后，恒星的核心变成一颗中子星，外壳层物质则变成更重的元素，这些元素被抛撒到太空中，成为星际物质。有些恒星质量非常大，最终可能会坍缩成一个黑洞。

剧烈的核反应

4 亿年后，最早的恒星诞生在巨大的氢原子团中。氢累积得越来越密，中心的温度高达几千万摄氏度。氢在那里通过核聚变生成氦，并向星际空间释放出巨大的能量、耀眼的光芒，黑暗的宇宙由此被点亮。

铁
硅
氧
氖
碳
氦
氢

中子星相撞

　　一些大质量恒星也会结成双星系统，如果它们相继爆发成超新星，留下来的两个中子星有朝一日便会相撞。碰撞后的碎片一开始几乎全是中子，随后会形成比铁更重的元素，如金、银、铀等。

太阳系诞生

　　被超新星和中子星抛撒出来的碎片和尘埃飘荡在浩瀚的宇宙中，各种各样的元素安然自得地享受着这趟长途旅行。约 50 亿年前，一团氢气裹着这些碎片和尘埃，缓慢旋转，形成一团巨大的星云。46 亿年前，星云内的氢气团被"点燃"，太阳诞生了。剩余的物质不断聚合、碰撞，形成了地球和其他行星。

塑造生命

　　在地球上，各种元素分散在不同的地方，铁和镍深居于地核，钙和钛安居在下地幔，硅和铝广聚在地壳和上地幔。不过，它们经常随着地壳运动而更换居所。在所有的元素里，氢、碳、氮、氧等对人类生存最为重要。

知识加油站

　　19 世纪中期，化学家相继发现了 63 种化学元素，但它们似乎漫无秩序。门捷列夫把元素按性质填在一张张卡牌上，玩起了"卡牌"游戏，最后得到了元素周期表，还为当时未被发现的元素预留了位置。后来的科学家努力寻找新的元素，并不断修订周期表，直到将 118 种元素全部填满，才有了今天的模样。

氢

氢是宇宙中最年长的元素，它好似取之不尽用之不竭的燃料库，点亮了包含太阳在内的无数颗恒星。太阳每秒要消耗 6 亿吨氢，它们转化为 5.96 亿吨氦，剩下的 0.04 亿吨转化为能量，向宇宙中逸散。其中约二十二亿分之一的能量降临到地球上，供万物生长。

碳

如果没有碳，就不会有生命，我们身体的大部分组织都由含碳的蛋白质、脂肪和糖类组成。碳在大气、海洋、岩石和生物圈之间永不停歇地循环。糖类是我们每天摄入最多的成分，它们"燃烧"自己，给身体供能。废弃的碳以二氧化碳的形式经由呼吸系统排出体外。植物吸收空气里的二氧化碳，制造充足的养料，碳随之又回到食物链中。

搭建你的身体

氢和氧大多结合为水，进入血液中，流淌在你的身体里。碳原子尤其擅长制造复杂的分子，糖类、脂肪、蛋白质都是它的"杰作"。这些分子共同搭建起一个个细胞，然后形成组织、器官、系统，最后构成人体。

钙

钙使你的牙齿和骨骼变得坚固。

氮

大量的氮气游荡在空中，它们总能保持冷静，以控制热情过度的氧气（避免其肆意"煽风点火"），让大气变得稳定而温和。如果遇到闪电，空气中的氮气将变成含氮化合物，随雨水降落到泥土里。植物贪婪地吸食美味的含氮离子，把它们变成自己的养分。人们吃东西时，氮元素也随之被吃进去，它们很快又会投入制造氨基酸、合成蛋白质的"事业"之中。

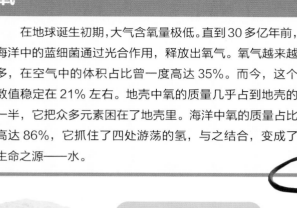
潜水装备

氧

在地球诞生初期,大气含氧量极低。直到30多亿年前,海洋中的蓝细菌通过光合作用,释放出氧气。氧气越来越多,在空气中的体积占比曾一度高达35%。而今,这个数值稳定在21%左右。地壳中氧的质量几乎占到地壳的一半,它把众多元素困在了地壳里。海洋中氧的质量占比高达86%,它抓住了四处游荡的氢,与之结合,变成了生命之源——水。

硫

硫合成多种氨基酸,你的皮肤、毛发、指甲含硫量最高。

镁

镁维持神经肌肉的正常活动,也参与身体里的各种反应。

铁

铁分布在你血液里的每一个红细胞中,参与氧的运输和储存。

钾

钾让你的神经和肌肉保持兴奋。

钾

磷

磷构建遗传物质,形成能提供能量的腺苷三磷酸(ATP)。

锌

锌助力你身体和智力的发育,并能增强你的免疫力。

氯

氯是钠的好搭档,协助维持体内酸碱平衡。

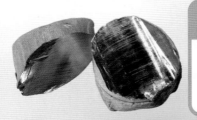

钠

没有钠,血压将难以维持健康状态。

氟

氟可以帮助你有效预防龋齿。

家里的元素

就像我们的身体含有许多元素，我们的家里也遍布各种元素。餐盘、餐桌、床、电视……每一件物品都是由物质构成的，而元素其实就是最基本的化学物质。

钙、镁、氯

富含钙盐、镁盐的水叫硬水。将硬水烧开后，钙、镁离子会沉淀在水底。

经过消毒之后的自来水中含有微量余氯，别担心，它已经通过安全监测，不会危害身体健康。

自来水

来自江河和湖泊的水经过净化和消毒，被送往千家万户。当我们打开水龙头时，干净的自来水哗啦啦流出。以前，由于缺乏有效的杀菌净化手段，饮用水一旦被污染，伤寒或疟疾等传染病便会四处横行。如今，人们早已不用担心这个问题，用自来水洗漱、做饭，将自来水煮沸后饮用都非常安全。不过，自来水并不"单纯"，许多元素还留在里面，没有因为净化而消失。

清洁剂

没有清洁剂，我们洗碗、洗衣服、清洁马桶都会变得不干不净。皮肤总在不断分泌油脂，产生皮屑，所以接触皮肤的衣物要时常清洗。负责给衣物做"美容"的清洁剂非常多，包括肥皂、洗衣粉等。清洁剂往往是碱性的盐，钠盐令肥皂变硬，容易去除动物油脂，适合洗涤成人的衣物；钾盐令肥皂变软，对皮肤的刺激小得多，适合清洗婴儿的衣物。

电子产品

电话、电视机、电脑、手机……电子产品给我们的生活带来了许多便利。硅和锗是优秀的半导体材料，广泛用于控制电流的核心元件。铜、银、金常用作电路开关，负责接通或断开电流。铝和铁很适合用作保护内部组件的外壳。往两片极化材料中充入液体水晶溶液，通以电流，就得到了简单的液晶显示屏（LCD）。

医疗物品

打开医药箱，你会看见琳琅满目的药品。它们含有各种能力非凡的化学成分，这些化学成分帮助我们治愈伤口，杀死细菌或病毒，让我们恢复健康。比如，阿司匹林是生活中的常见药，可以用来缓解疼痛、解热消炎。过去，人们一度用柳树皮来退热，柳树皮中的水杨酸是合成阿司匹林的重要原料，它和其他有机物一样，也由碳、氢、氧构建而成。再如，一些锌矿石被人们制成炉甘石洗剂，用来治疗皮肤瘙痒。

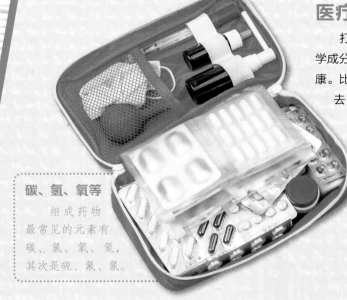

碳、氢、氧等

组成药物最常见的元素有碳、氢、氧、氮，其次是硫、氟、氯。

厨 具

我们用炊具来烹饪食物。在铁器诞生之前，石器、陶器和铜器都曾被用作炊具。现在，由铁、碳、铬、镍合成的不锈钢十分常见，它被广泛制成锅具和刀具。纯铁非常柔软，如果遇到高温明火，一不小心就会变形。加入碳和某些金属之后，铁变得非常坚硬！其他厨具有的也采用了特殊的材料，如人们在微波炉的内胆上涂一层纳米级的银单质，不仅节约能量，还能杀灭细菌。

调味品

食盐、食用油、味精、胡椒、酱油、食醋……这些调味品让我们的食物有滋有味。不像食盐里充满了排列规整的氯化钠晶体，大部分调味品是一大堆混在一起的复杂分子。这些分子有些是糖类，有些是脂肪，还有些是氨基酸。别看它们长得千差万别，其实都是由碳、氢、氧等几种简单的原子结合而成的。

粉饰石窟

宇宙把各种金属元素馈赠给地球，经过大自然的加工，它们大多变成了金属矿藏，留在了地表或地下。古老的穴居人发现，用手指蘸一些黏土，就可以在山洞的墙壁上作画。这一方式渐渐流传下来，世界各地的艺术家纷纷碾碎岩石与矿物，用来给作品上色。从十六国的前秦开始，历经隋唐以至元代，中国的艺术家在敦煌莫高窟里，创作了大量的壁画和雕塑作品。

铅 白
所含元素：铅、碳、氢和氧等

古人在冶炼铅时，得到了铅白，它是世界上最早的人造颜料之一。铅白在中国以"铅华"而闻名，可用作美白的妆粉，故有"洗尽铅华"之说。此外，铅白还广泛用于石窟彩绘，纺织品彩绘等。

红 丹
所含元素：铅和氧等

中国的炼丹家最早发现了红丹，因为含铅，所以它又叫铅丹。创作壁画时，红丹是出色的红色颜料，无论过了多久都难被腐蚀。此外，人们还曾把红丹制成化妆品。但因为铅有毒，人们早已不再使用。

敦煌莫高窟

金
所含元素：金

隋唐时期，人们把金制成片状或粉状，金粉和金箔的使用机会大大增加，壁画的色调因此变得光彩夺目。不过因为过于贵重，从五代起，金在壁画中出现得越来越少。

朱 砂
所含元素：硫和汞等

很长一段时间里，朱砂深得人们喜爱。颜色鲜红的上品朱砂可用于点缀人物的嘴唇和面部；质次的朱砂色泽要差一些，部分洞窟用它来打底，或者将它涂在不太重要的地方。

赭 石
所含元素：铁和氧等

古人对红色格外偏爱，人们推测这可能与宗教信仰息息相关。天然的赤铁矿石——赭石最早被制成土红色颜料，常用来给泥壁刷涂底色。

雌 黄
所含元素：硫和砷等

这种清晰、明亮的黄色颜料曾被广泛使用，它常常与雄黄共生，是矿物里的一对"神仙眷侣"。可惜的是，它们并不安全，还有毒性。

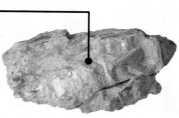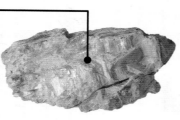

白 垩
所含元素：钙、碳和氧等

亿万年前的海洋浮游生物遗骸堆积，逐渐形成了天然的白垩。人们把白垩粉碎、研细并漂洗，刷在石壁上，然后就可以在白石壁上绘画了。

石 绿
所含元素：铜、碳、氢和氧等

石绿今称孔雀石。天然形成的铜矿床经过长年累月的风化后，形成了石绿。伴随着石绿一起形成的，还有石青，正因如此，才有了"青绿同矿"的说法。

石 青
所含元素：铜、碳、氢和氧等

石青呈蓝色，具有玻璃光泽，今称蓝铜矿。在古代，石青除了用作绘画颜料，还是靛蓝染料的媒染剂。靛蓝常用于染制皇室的朝服和吉服等，以显正统与庄重。

白云母
所含元素：钾、铝、硅和氧等

如果有机会前往莫高窟中唐112窟，你一定会被里面闪闪发光的壁画深深吸引。壁画上大量使用了一种银光闪烁的颜料——白云母粉。

青金石
所含元素：钠、钙、铝、硅和氧等

它是古老的传统玉石，常被古人镶嵌在金戒指、金项链上。因为拥有美丽的天蓝色，古人还把它制成蓝色颜料，用于壁画和彩塑艺术。不过因为过于贵重，青金石后来被石青和群青取代。

拿破仑一世的居所之一

小心有毒!

天然的颜料并不完美，它们有些含有致命的毒素。过去，人们对此一无所知，经常莫名其妙地生病，甚至因此丧命。比如，由朱砂炼制的汞曾一度被炼丹家视为瑰宝。现在，那些出了名的有毒物质早已被列入黑名单。许多物质看似无毒，却会因为剂量增大而变成毒物，比如吸多了氧气也会中毒，真叫人防不胜防！

致命的时尚

19世纪，欧洲人研制出了一种特别的绿色染料，由它染制的衣物光彩夺目。很快，爱美的人对这种鲜亮的衣物趋之若鹜，由这种染料制成的壁纸也大受欢迎。然而，怪事一件接一件地发生。许多女孩因为长时间穿这种衣服，身上渐渐溃烂，严重者还会呕血肾衰直至死亡。而使用了这种壁纸的家庭，每到冬天，全家人都会生病，换了住所才好一些。人们花了很长时间，才找到答案。原来，这种鲜亮而又美丽的染料含有砷化合物。冬天天气潮湿，霉菌滋生，壁纸里的砷化合物趁机变成含砷的气体，四处飘散。人们长时间吸入，就会中毒。

这种时髦的绿色服装含有砷化合物，虽然好看，但有害健康。

法国统治者拿破仑一世对绿色装饰青睐有加。据传，他的死因或许与常年吸入逸散而出的砷气体，身中剧毒有关。

磷酸盐（磷肥的成分之一）结晶

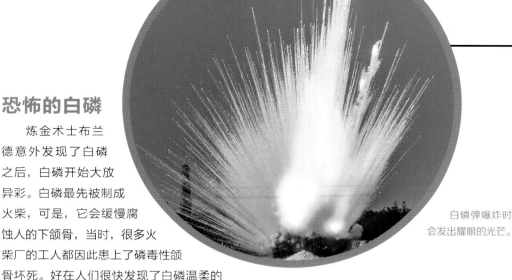

恐怖的白磷

炼金术士布兰德意外发现了白磷之后，白磷开始大放异彩。白磷最先被制成火柴，可是，它会缓慢腐蚀人的下颌骨，当时，很多火柴厂的工人都因此患上了磷毒性颌骨坏死。好在人们很快发现了白磷温柔的兄弟——红磷。红磷没有毒性，在常温下不会自燃，用它制造的火柴十分安全。而白磷的"脾气"要大得多，碰到物体后会剧烈燃烧，甚至会烧穿人的皮肉骨骼。战争期间，白磷一度被制成恐怖的白磷弹。现在，人们仅仅用它来制造烟幕弹或信号弹。磷家族的成员虽然干了不少坏事，但是也作出了巨大贡献。要知道，地球上一大半的磷矿都用于生产磷肥，帮助作物茁壮成长。

19 世纪，人们用安全的红磷替代白磷制作火柴。

白磷弹爆炸时会发出耀眼的光芒。

气体有毒

尽管每天都要摄入食盐，但我们并没被毒死，这是因为氯离子和钠离子不会在我们体内兴风作浪。一旦氯离子"化身"为氯气，情况将大不相同。氯气是一种黄绿色的气体，如果吸入太多，人的眼睛和呼吸系统会受到强烈的刺激，造成呼吸困难。和白磷一样，氯气也曾被用作化学武器。不过，氯气并非一无是处。人们认识到氯气和氧气有点儿像，可以让铜、铁剧烈燃烧，变成金属化合物。如果好好加以利用，氯气将摇身一变，成为消毒利器。

许多游泳池都用含氯化合物净水。

当心，有放射性！

有些元素天然带有放射性，能自发放射出 α 射线、β 射线和 γ 射线。1896 年，法国物理学家贝可勒尔最早发现了铀原子核的放射性，后来，居里夫妇也发现并分离出了放射性元素钋和镭。自从了解了放射性，物理学家开始深入探索宇宙，医学家开始透视骨骼。但危险随之而来。如果频繁地接触射线，人就会生病。一些症状短期内看不出来，但随着时间流逝，便会慢慢显现。

💡 知识加油站

居里夫人长期接触放射性元素，罹患再生障碍性贫血，并因此去世。她所使用的笔记本上也残留有放射性物质，这些物质的放射性还将持续大约 1500 年。

当心电离辐射

萤火虫的腹部会发光，那是因为萤火虫体内的荧光素正在快速发生化学反应。

耀眼的光芒、滚滚的浓烟、巨大的热量……森林里的树木正在剧烈地燃烧。

发生了什么？

你可以看到燃烧的篝火里飘出来的烟尘，你可以闻到臭鸡蛋散发出的臭气，你可以听到节日里噼里啪啦的鞭炮声。当你身边的物质发生化学反应时，你的感官常常能够清晰地帮你分辨。

如果食物变质（化学反应）了，我们会闻到难闻的气味，并拒绝食用。

铁暴露在空气中，与氧气和水蒸气频繁接触，慢慢地，发生了化学反应，变成铁锈。

这是什么变化？

你身边的物质大多可以发生两种变化：物理变化和化学变化。把苹果切成两半，将冷冻的鸡肉解冻，这些是物理变化。把切开的苹果放在桌上，外层果肉渐渐变黄；把鸡肉放进锅里，加入作料烹调，诱人的香气慢慢散出，这些是化学变化。

水沸腾变成蒸汽，食盐溶解在水里变成盐水，虽然水和食盐的聚集状态发生了改变，但它们的化学组成没有丝毫变化。黑色的铁在空气里待久了，会生成红色的氧化铁；积有水垢的热水壶碰到食醋，发黄的水垢逐渐消失。与物理变化不同，发生化学变化时，原先的物质将改头换面，组成该物质的原子或原子团将重新排列组合，变成全新的物质。

橙子腐烂坏掉，是化学变化。

受海风和海水的腐蚀，这艘废弃的船已经锈迹斑斑。

特别的反应

太阳这颗巨大的气态火球无时无刻不在发生剧烈的反应，氢核燃料不停"燃烧"自己，聚变为氦，并释放出巨大的能量。尽管生成了新的物质，可这个过程与蜡烛的燃烧大相径庭。在高温高压下，氢原子核会发生聚合。核内蕴含的能量被释放出来，就好像无数颗威力无穷的炸弹同时爆炸，破坏力超强。于是，科学家为它取了一个响亮的名字——核反应。现在，人们利用核反应来发电，当然，核燃料也可用于制造令人闻风丧胆的核武器。

将核反应用于发电，效率非常高。可是，核废料有很强的放射性，处理时必须小心谨慎。

化学变化的常见特征

生成气体

发光发热

颜色改变

产生沉淀

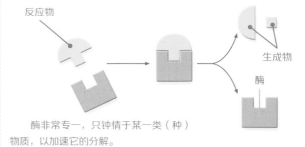

化学反应的快与慢

烟花"嗖"的一声冲上夜空随即爆炸，铜制的硬币躺在抽屉里慢慢失去光泽。化学反应有快有慢，短暂的反应就在一瞬间，漫长的反应会持续几年甚至更久。

谁是助推手？

酱油、食醋、酒等食物得以顺利生产，离不开一种叫作酶的物质。同样地，食物可以被身体顺利消化，也是因为各种消化器官里布满了消化酶。在生物体内，酶参与了几乎所有物质的化学变化，它帮助一些分子快速解体，转化成新的分子。

反应物

生成物

酶

酶非常专一，只钟情于某一类（种）物质，以加速它的分解。

火花塞点燃气缸内的汽油。

能量去哪儿了？

化学反应总是伴随着能量的释放，这是因为许多物质都储存有化学能。汽油燃烧时，化学能以热的形式释放出来，气缸内的气体受热膨胀，驱动活塞上下运动，然后带动汽车运行；炸弹爆炸时，它所蕴含的能量在一瞬间转变为光和热；食物入肚后，会在身体内发生一连串复杂的化学反应，释放能量来供给各个器官……少数化学反应也会吸收热量。比如，蒸馒头时，面团内添加的小苏打吸热分解，产生二氧化碳气体，让馒头变得蓬松。

孩子在壁炉旁烤火取暖。

杰出的沉淀

大自然常常化身为伟大的艺术家，将不同的物质灵活地调配在一起，让它们随着时间的沉淀，幻化为一件件不可思议的杰作。

石钟乳

石钟乳大多"生长"在石灰岩洞穴中，石灰岩的主要成分是碳酸钙。溶解有二氧化碳的水慢慢渗入石灰岩，侵蚀着其中的碳酸钙，然后变成流动的碳酸氢钙溶液。经过几万甚至几十万年，这种清亮的液体穿过岩缝，遇热时，二氧化碳重新"逃逸"到空气中，白色的碳酸钙便从岩缝慢慢析出，沉积并垂挂下来，变成了石钟乳。有些白色固体像竹笋一样从地底向上生长，叫作石笋。石笋和石钟乳相接，就成了石柱。

五彩池

黄龙山五彩池发源于中国四川省黄龙沟。几万年来，黄龙沟四周高山上的冰雪融水和地表水不断流淌，在松散的石灰岩下部形成浅流。日积月累，大量碳酸钙被含有二氧化碳的浅流溶蚀，变成碳酸氢钙溶液。每当水温升高或压力降低，流水中的二氧化碳气体便会乘机逸出，与此同时，碳酸钙也会重新析出，沉淀在植物的根茎或垂落的枯枝上。若干年后，白色的沉淀物形成又厚又高的碳酸钙围堤，顺着地形叠置，呈现出阶梯状。池水中的金属离子和藻类等植物共同作用，让池水呈现出缤纷的色彩。

同一湖泊里，有的水域湛蓝，有的湾汊浅绿，有的水色绛黄，有的流泉粉蓝，一眼望去，变幻无穷。

石膏晶体洞

位于墨西哥中北部的奇瓦瓦沙漠断层里，藏着一个巨大的天然石膏晶体洞。洞穴内最大的石膏晶体有大约 12 米高、55 吨重。洞穴内原本充满了水，地下滚烫的岩浆常年"蒸煮"洞穴里的水，地层中的硬石膏（主要成分为无水硫酸钙）渐渐剥离，溶解到水中，形成了浓稠的硫酸钙溶液。又经过大约 50 万年的时间，随着地下岩浆慢慢冷却，水中的硫酸钙渐渐变化，成为白色的石膏晶体。虽然洞内奇观令人惊叹，但并不适合久待。想象一下，你紧挨着一口充满熔岩的高压大熔炉，该有多么危险。探险家必须穿上特制的冷却服，才能进行一次短暂的探险。

二水硫酸钙晶体（石膏）分布极广，大多在沉积和风化条件下形成，少数分布于热液形成的硫化物矿床里。

珊瑚礁

海洋里生活着成片绚烂的珊瑚礁，它们是许多鱼类的栖息之所和嬉戏乐园。珊瑚虫成群结队地聚居在一起，每天吞食海洋中的钙离子和二氧化碳，分泌出石灰质，将其变成自己坚硬的骨骼。等到死去，珊瑚虫把骨骼留下。就这样，一代又一代的珊瑚虫生长繁衍，不断分泌出石灰质，又不断壮大石灰质遗骸。这些遗骸和钙藻、贝壳堆积并黏合在一起，变得越来越厚。经过千万年的堆叠、石化，最终形成了珊瑚礁。

💡 知识加油站

大自然的鬼斧神工并非什么不可捉摸的魔法，而是源于各种物质的化学变化。一些稳定的物质（如水、二氧化碳等）平时并不活泼，可如果遇到特殊的条件，它们也会转变"脾性"，愿意与其他物质结合，形成新的物质。

化合反应

单质或简单化合物结合在一起，生成复杂化合物的反应就是化合反应。如：

碳酸钙 ＋ 水 ＋ 二氧化碳 ⟶ 碳酸氢钙

分解反应

复杂化合物分解为单质或简单化合物的反应就是分解反应。如：

碳酸氢钙 ⟶ 碳酸钙 ＋ 水 ＋ 二氧化碳

"火星" 之旅

迄今为止，航天员还未登上"身披"橘红色外衣的火星，但我们依然有幸可以在地球上体验一场"火星"之旅。西班牙的红酒河有着令人惊叹的环境：红色的河水、起伏不平的河床、黄色的砾石。倘若置身其中，人们真的会误以为自己到达了火星表面。

妖娆的红酒河

欧洲西班牙的西南部，流淌着一条绝美而又危险的河。河水呈深红色，如同生产线上的红葡萄酒一般，于是，人们将它唤作"红酒河"。然而，这条河近乎一条死河，由于酸性很强，几乎没有生物可以在这里生存。

红酒河发源自西班牙北面 100 千米开外的山上，山中有黄铁矿和铜矿。很早以前，一群顽强的微生物来到山里，它们酷爱吃黄铁矿，这些难啃的矿物被微生物吞进肚子，经过特殊的加工，变成铁离子（遇水易形成红色氢氧化铁）后被吐出来。随之产生的，还有酸性的液体。另一些黄铁矿在地表水、氧气、二氧化碳和有机酸的风化作用下，变成褐黄色的褐铁矿。经年累月，各种物质混入河水中，把水染成了深红色。

红酒河的颜色形成并非一日之功，也并非一物之作，而是多种物质长期共同"努力"的结果。

火星实验室

红酒河引起了外星生物学家的注意。美国国家航空航天局（NASA）的机遇号火星探测器曾在火星上发现了赤铁矿颗粒，而赤铁矿的形成，离不开液态水。科学家由此推测，机遇号着陆的地方，曾经或许是巨大的海洋或者湖泊。除了赤铁矿之外，机遇号还在一个巨坑内发现了其他与水有关的矿物，在巨坑的底部，也发现有水流淌过的痕迹。科学家认为，红酒河中的化学物质可能与火星中发现的岩石成分非常相似。在登上火星之前，人们或许可以在红酒河进行高度仿真的模拟实验。就这样，红酒河变成了科学家的"火星实验室"。

2021 年 5 月 15 日，在火星乌托邦平原南部，执行中国首次火星探测任务的天问一号探测器（携带祝融号火星车）成功着陆。

在超额完成任务后，机遇号火星探测器遭遇了一次遮天蔽日的沙尘暴，从此与地球失去了联系。

赤铁矿的变化

除了黄铁矿，红酒河的发源地也存在不少赤铁矿，但在酸性环境中，赤铁矿会变成游离的铁离子。和赤铁矿类似，很多金属氧化物遇到酸，也会发生反应，变成金属离子。这些金属还是单质的时候，就格外活泼。它们常常禁不住氧气和水蒸气的撺动，与之结合形成氧化物。

复分解反应（代表）

金属氧化物	+	酸	→	水	+	含金属离子的盐
●●	+	●	→	●●	+	●

征服"懒惰"的金属

有些金属非常"懒惰"，它们难以被氧气、水甚至酸"征服"，如金。普通的酸根本对金无可奈何，只有一种叫作王水的强酸混合物可以将其腐蚀，变换出一串"咕噜咕噜"的泡泡。幸亏金生性"懒惰"，不然，如果普通的酸就将它腐蚀掉，该有多可惜呀！

置换反应（代表）

金属单质	+	酸	→	氢气	+	含金属离子的盐
●	+	●	→	●	+	●

"罗马斗兽场"

红酒河的发源地富含矿藏，曾经，许多矿场建造在它的周围。现在，各类矿场已经处于废弃状态。一座巨型矿坑层层叠叠，有如倒置的环形山，又像遭遇撞击的陨星坑，更像1000多年前的罗马斗兽场。被染成红色的雨水积存在矿坑底部，俨然一座大湖。

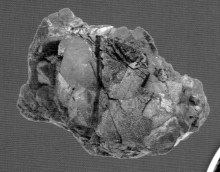

黄铁矿又叫愚人金，主要成分是铁和硫的化合物。

赤铁矿是铁的氧化物，大多数时候呈赭红色。

平静地"燃烧"

卷纸筒里的烟花"嗖"的一声飞上天，急剧爆炸，绽放出五颜六色的光芒。燃气灶中的燃气"噗噗"地喷薄而出，炽热燃烧，释放出明亮持久的火焰。不像火药与燃气那般反应剧烈，生物体内的细胞喜欢平静地"燃烧"。

❶ 叶绿体

植物细胞内有一种特殊的结构——叶绿体，在阳光的照耀下，它把空气中的二氧化碳和从植物根部吸收的水分号召在一起，合成葡萄糖等有机物和大量的"能量货币"（ATP），这个过程叫作光合作用。

光

水

二氧化碳

NADP+
ADP
ATP
NADPH

光反应

暗反应

氧 气

葡萄糖等

❺ 二氧化碳

人和其他动物体内的细胞不停进行呼吸作用，产生的二氧化碳在身体里汇集，最终随着呼吸排出体外。二氧化碳不会凭空消失，它们中的一部分被植物吸收，参与制造"绿色食物"。

❹ 水

植物的根不停吸收地下的水分，在太阳的炙烤下，这些水顺着植物茎干向上升，一直抵达叶片等处。一部分水参与光合作用，另一部分变成水蒸气，通过叶片逸散到空气中。

葡萄糖

氧气会被耗尽吗？

很久以前，地球上的生物就开始捕食与呼吸了。但过了这么久，食物和氧气为什么还没有被消耗殆尽？这是因为，大自然非常聪明地规划好了一切：绿色植物不停地吸收空气里的二氧化碳和地下的水分，然后通过光合作用把它们变成糖类，并释放出氧气。氧气飘散到大气里，以供人和其他动物呼吸。这些植物也是人和其他动物的食物来源，人类和动物获得能量，又把所产生的二氧化碳排到空气里，然后二氧化碳再次被植物吸收、利用。

缓慢地"燃烧"

　　地球上的大多数生物都需要呼吸，因为它们需要充足的氧气，以确保体内的营养物质可以平静地"燃烧"——进行呼吸作用，从而源源不断地制造能量。人们每天吃足够多的食物来补充营养物质，这些食物经过消化道复杂的加工，大部分变成葡萄糖。葡萄糖游离在血液中，在载体蛋白等的帮助下，顺利进入身体各处细胞。另外，血液里的红细胞也在一刻不停地搬运氧气分子，将其输送到身体的各个角落。氧气就位后，"燃烧"开始了。葡萄糖是一种含碳化合物，所以"燃烧"时，二氧化碳会随着能量一起被释放出来。

⑥ 氧 气
　　植物完成光合作用，大量的氧气通过气孔逸散到空气里，它们最终被人和其他动物吸入，参与到呼吸作用中。

二氧化碳

氧 气

❸ 线粒体
　　丙酮酸的"燃烧"发生在线粒体里，那里层层叠叠，充满了线粒体基质，为丙酮酸的"燃烧"提供了广阔空间。"燃烧"过后，大量的能量被释放出来。

知识加油站

　　不像体内有机物的"燃烧"那样悄无声息，日常生活中物质的燃烧或爆炸总是"轰轰烈烈"。

水

❷ 丙酮酸

❷ 丙酮酸
　　葡萄糖在抵达线粒体前，先把自己"燃烧"为丙酮酸。

能 量

剧烈地燃烧
　　单纯地待在空气里，可燃物通常不会自发燃烧。如果给它加热，到某个时刻，一些可燃物就会与氧气发生剧烈的反应，产生明亮而炽热的火焰。

葡萄糖

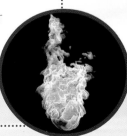

急剧地爆炸
　　如果把一些物质密集地装在一个狭小的空间里，一旦点燃它，温度急剧升高，这些物质瞬间释放出能量，就会产生爆炸。

美味，
从哪里来？

金黄的色泽、馥郁的香气、醇厚的口感……提到这些，我们立刻想到了美味的食物。猪肉、牛排、面粉……它们原本是平淡无奇的食材，但经历神奇的美拉德反应后，立马变成令人垂涎欲滴的美食。

美食的诱惑

从古至今，人们一直没有抵抗住烧烤的诱惑。汉字"炙"形象地表现出将一块肉放在火上烤的情景，而成语"脍炙人口"原意是切细的烤肉人人爱吃。为什么烤肉让人如此着迷呢？原来，在制作烤肉时，肉里的糖和氨基酸之间会发生一连串奇妙的化学反应，各种芳香的物质由此产生，它们赋予了烤肉独特的香气和口感。如果你仔细观察，还会发现红色的肉慢慢变成漂亮的棕褐色。与此类似，爆米花的金黄色、烤面包的金黄色，也都来自这种神奇的反应。

还原糖（反应物） + 氨基酸或蛋白质（反应物）
氨基酸
水（反应条件） +

羧基化合物等
果糖　　乳糖　　D-葡萄糖

氨基化合物
咖啡豆　　玉米　　牛肉

意外的收获

其实，这种美味的化学反应来自一次偶然。1912年，法国化学家路易·卡米耶·美拉德在研究蛋白质的性质时，误将浓缩的葡萄糖溶液和一种叫作甘氨酸的物质放在一起加热，结果混合物的颜色逐渐变黑，从中冒出了一串串气泡，一股烤肉的香气也随之飘出！美拉德欣喜若狂，开始反复做这个实验，他把葡萄糖和各种氨基酸放在一起加热，最后都得到了类似的香气。很快，这一反应吸引了众多食品科学家的关注。后来，科学家用美拉德的名字来命名这种反应。

水分含量：15%~80%

刚出炉的爆米花闻起来十分香甜，金灿灿的炸鸡腿美味无比……煎、炸、烤制会使食物挥发掉大量水分，当食物含水量在30%左右时，美拉德反应最为活跃。

含水量约为75%的生鸭肉　　含水量约为30%的半熟鸭肉

💡 知识加油站

加热（反应条件）

加热温度：110~170℃

烤肉的色泽焦黄油亮，但如果把肉放在水里煮，肉很难变成焦黄色。这是因为，只有当温度达到110℃及以上时美拉德反应才容易发生，而水沸腾时只有100℃。

金黄色至深褐色的大分子物质

富有色泽　　芳香四溢　　味道浓郁

食物中的化学反应

除了美拉德反应，在烹饪时，食物还会产生许多其他的化学反应，如令米饭变熟的糊化反应、能去除鱼腥味的酯化反应，以及为红烧肉上色的焦糖化反应。

糊化反应

因为有糊化反应，一粒粒坚硬的大米才最终变成晶莹剔透的米饭。给浸在水里的大米加热，大米里原本排列得整齐有序的淀粉晶体被破坏，变得混乱无序。这时，淀粉酶立马下手，将淀粉分解，干硬的大米颗粒在这个过程中变成了香软的米饭。

酯化反应

酒越陈越香，因为其中富含的乙醇与有机酸发生酯化反应，形成了风味物质。这个反应十分漫长，有时甚至需要几十年时间。烧鱼的时候，加入料酒和食醋，因为温度很高，料酒中的醇类和食醋中的酸类物质会快速反应，变成酯。酯能去除腥味，还能增添香味。

焦糖化反应

做红烧肉时，有些人会先用糖炒出糖色。随着温度升高，细小的白糖颗粒慢慢熔化，颜色变得越来越深。随后倒入切好的红烧肉，红烧肉立刻"镀"上棕红色。糖类遇到高温会脱水，变成棕红色，这种反应叫作焦糖化反应。

土壤腐殖质

农民的帮手

千百年来，农民一直致力于改良土壤，以求让农作物更加高产，天然的粪肥和动植物残体曾被广泛使用。然而，这些天然的肥料十分有限，施肥的劳作也格外辛苦。科学家转而投向合成肥料的研究之中。

勇敢的尝试

19世纪，人们普遍相信，植物的生长依赖于土壤中的腐殖质，但这种腐殖质只能来源于动植物残体，粪便、死鱼、肉粉、骨粉是有限的天然肥。德国化学家冯·李比希对粮食低产忧心忡忡，他一遍遍地分析植物灰分，指出植物机体内的钾、磷等成分都来自土壤，必须通过人工施肥才能恢复土壤的肥力。然而，要取代"腐殖质"理论并不容易。李比希购买了一片荒芜的砂地，他没有像别的农民那样，先施足天然肥再进行耕种，而是在地里倒上一批含有钙、镁等矿物的岩盐，再种上各种农作物。后来，砂地上的庄稼竟然长得不错。

矿物肥料颗粒

植物必需的营养元素

植物生长必需的营养元素有17种。氢可从水中获得，碳和氧可通过光合作用从空气中获得，氮、磷、钾、钙、镁、硫等元素则大多经由根从土壤里吸收。

留学法国的李比希回到德国，创立了吉森化学实验室，培养出一大批杰出的化学人才。

探索人工化肥

此后，植物矿质营养学说渐渐被大家认可，但如何获取这些人工肥料成了难题。碳酸钾很便宜，经熔融、冷却、碾碎就可以制成易溶于水的钾肥，供植物吸收。骨粉里富含磷酸钙，用硫酸处理后，就会得到易溶于水的磷肥。相比之下，氮肥最难获取，李比

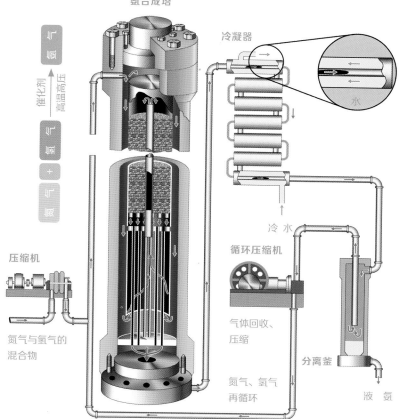

氨合成塔

冷凝器

水

氮气

催化剂
高温高压

氢气

氮气 +
氢气

压缩机

氮气与氢气的
混合物

冷水

循环压缩机

气体回收、
压缩

分离釜

氮气、氢气
再循环

液氨

从空气中获得启发

如何才能大量获取氮肥呢？人们把注意力转向了大气中的氮气。尽管大气中氮气的含量十分可观，可谁也不知道如何把它变成有用的氮肥。好在人们意识到，除了氮气，空气中的氢气含量也足够多。如果能让氮气和氢气发生反应，离合成氮肥就不远了！在自然条件下，氢气和氮气几乎没有交集，除非遇到闪电，它们才有可能发生反应，这启发了许多化学家。

合成氨工艺诞生

德国化学家弗里茨·哈伯最先如愿以偿——在实验室里，他成功地将氢气和氮气合成氨气，再进一步将氨气变成了氮肥。不过，要投入生产还很困难。不久后，哈伯的姐夫工业化学家卡尔·博施找到了完美的催化剂，还改善了大型的高压反应器，很快，合成氨工厂建成了。这项技术迅速传遍世界，不仅是德国，全世界的粮食都实现了增产。

中国工业化学启航

1926 年，中国工业化学家侯德榜成功生产出高质量的纯碱。10 多年后，侯德榜负责的化工厂陆续生产出合成氨、硫酸、硫酸铵、硝酸等产品。侯德榜还独创了侯氏制碱法（后称联合制碱法），这是一种能够同时生产纯碱和氯化铵的连续化工艺方法。侯氏制碱法大大促进了中国制碱工业和化肥工业的发展。

人造化肥让全世界的粮食大大增产，但过度施肥也造成了环境污染。同样具有两面性的农业化学制品还有除草剂与杀虫剂，因此科学家一直在寻找更加安全、环保的替代品。

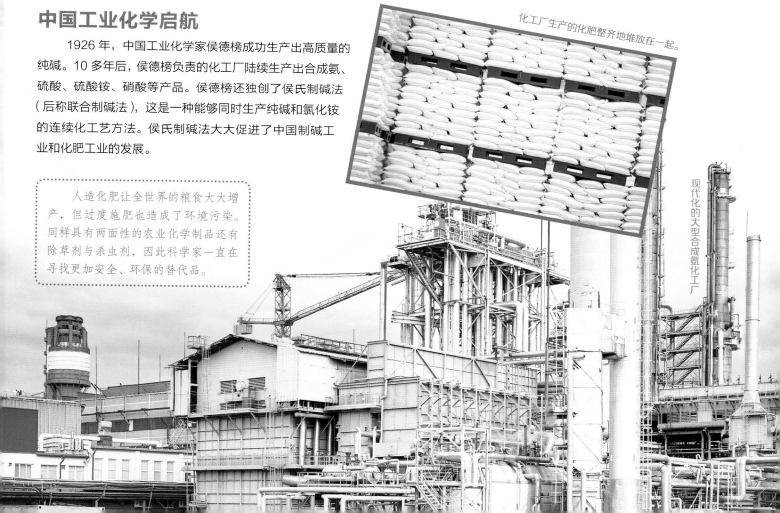

化工厂生产的化肥整齐地堆放在一起。

现代化的大型合成氨化工厂

燃料：岁月的厚礼

经历数千万乃至数亿年的演变，那些深藏在岩层中的古生物遗骸早已换了模样，成为石油、天然气和煤炭等化石燃料。化石燃料的出现，给人类带来了巨大的财富和便捷。然而，这些宝藏并非取之不尽，用之不竭，终有一天，它们会被耗尽。

古生代海洋或湖泊

黑色"黄金"

提起煤炭，人们往往会想到轰鸣的大型机器与烟囱里冒出的滚滚黑烟。100多年前，作为给人类供能的主角，煤炭被视为黑色"黄金"。

大自然是了不起的"固碳高手"。在石炭纪，地球上冒出了大片的原始森林，许多植物滨水而生。石炭纪晚期，这些植物大面积死去后，堆积在沼泽、湖泊或浅海里。渐渐地，成堆的遗骸变成了厚厚的泥炭。泥炭不堪忍受地热和重压，失去水分，变得硬结，成为褐煤。此时腐殖酸大量流失，碳被保存下来。随着地壳继续下沉，温度继续升高，褐煤进一步脱水、硬结，碳含量继续增加，腐殖酸彻底失去，变质为烟煤直至无烟煤。石炭纪后，世世代代的聚煤故事仍在继续。

石炭纪森林

泥炭层堆叠

煤层形成

煤矿开采

泥炭

褐煤

烟煤

无烟煤

❷ 石油钻井平台没日没夜地轰隆作响，好似一位海中巨人。它凿开一条长长的通道，直至海底岩层，将深埋其中的石油抽取出来。

❸ 刚开采出来的石油原油是一种黑褐色的黏稠液体，还没有经过任何加工处理。它们被装入储油桶，乘坐集装箱船，去往世界各地。

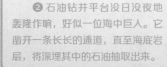
❶ 石油埋在地下或海底的岩层中，平时，人们很难发现它的存在。为了找到这一宝贵能源，多种勘探技术被发明出来。

工业"血脉"

很久以前，海洋里生活着许多古老的生物，它们一代又一代地繁衍、死去，遗体沉入漆黑的海底，被泥沙掩埋。在缺氧的海底，富含有机物的遗体无法被分解，渐渐沉积成岩。经历漫长的时间，在微生物的帮助下，地下岩层里的有机物变成了闪闪发亮的石油。

生物沉积

石油形成

石油开采

石油气

汽油

煤油

柴油

原油

燃料油

石油：新的"霸主"

和煤炭相比，石油蕴含的能量更大，带来的污染更小，运输也更为方便。1970年前后，石油取代了煤炭，一跃成为全球消耗最多的能源。从石油中提炼出来的各种制品被广泛使用：燃料油在冶金和建筑工业的窑炉里"咕嘟"冒泡；液化石油气点燃了千家万户的厨房炉灶；汽车和公共交通在加油站装满汽油或柴油，然后四处奔跑；以石油为原料，还可以制成塑料、合成纤维与合成橡胶……

❹ 世界各地的码头忙不停，从集装箱船上卸下来的原油被装入油罐车，它们马上要去往炼油厂，在那里得到深度加工。

大庆油田

大庆油田于1960年投产，是中国第一大油田，也是世界特大油田之一，建有大型炼油厂、石油化工厂和化肥厂。

炼油厂

炼油厂里，一座座高耸的分馏塔运转不停。原油中的混合物变成气体，沿着塔身向上"爬"，到达不同位置，先后被分离出来。

❺ 炼油厂里，高耸的炼油塔、巨大的油罐、交错的管线并然有序地连在一起。经过它们的默契配合，原油变成了汽油、煤油、柴油、沥青等各种产品。

金属：
地球的馈赠

　　沉默不语的地球将煤、石油无私地奉献给人类，也将其他各种各样的矿藏赠送给我们。从古时起，人们便格外珍视这一馈赠，从不同的矿场里开采出多种金属矿石。随后，人们不断精进冶炼技术，获得了各式各样的金属。

高炉里的"硬汉"

　　历史上，青铜器曾是文明的象征。但伴随着冶铁技术的发展，人类文明逐渐迈入了新的阶段——铁器时代。而今，铁依然不减风采，它化身为各种合金，活跃在各个行业。钢铁让工厂得以机械轰鸣，也让城市得以高楼林立……

　　地壳中，铁的含量位居第四。铁是名出色的"伪装者"，它常常借助氧气、水蒸气的力量，把自己变成红色、褐色的铁矿石，让人难以发现。如果想要从铁矿石中提炼出铁，人们必须想办法赶走铁矿石里的氧。由此人们想到了焦炭，把焦炭烧得滚烫，就能赶走氧化铁里的氧，制得较纯净的铁。

中国古代的冶铁模具

欧洲中世纪的钢铁盔甲

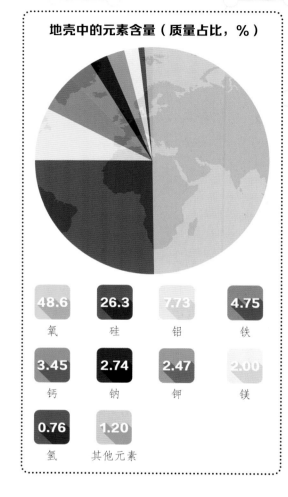

地壳中的元素含量（质量占比，%）

48.6 氧	26.3 硅	7.73 铝	4.75 铁
3.45 钙	2.74 钠	2.47 钾	2.00 镁
0.76 氢	1.20 其他元素		

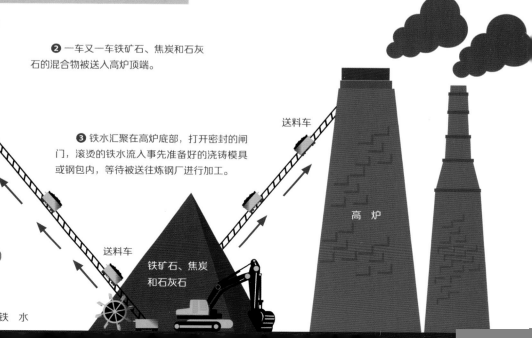

❷ 一车又一车铁矿石、焦炭和石灰石的混合物被送入高炉顶端。

❶ 热空气从底部鼓入高炉。

❸ 铁水汇聚在高炉底部，打开密封的闸门，滚烫的铁水流入事先准备好的浇铸模具或钢包内，等待被送往炼钢厂进行加工。

送料车

高炉

高炉

铁矿石、焦炭和石灰石

送料车

炉渣

铁水

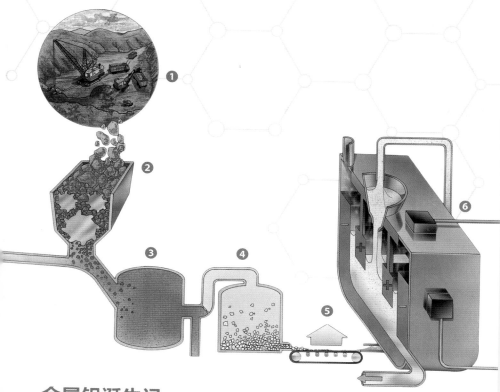

金属铝诞生记

地壳中铝的含量位列第三，仅次于氧和硅的含量。储量丰富的铝十分活泼，一点儿也不喜欢独处，它长期与氢、氧、铁元素"厮混"在一起，变成铝土矿（水合氧化铝和水合氧化铁的混合物），散居在地表。要想将铝单独提取出来，必须经过特殊的工艺。18 世纪开始，化学家投入提炼铝的研究中。1888 年，奥地利化学家卡尔·约瑟夫·拜尔发明了从铝土矿中生产氧化铝的方法。这一方法联合霍尔－埃鲁电解法工艺，使制备单质铝变得非常容易。

❶ 采 矿

铝土堆积成小山状，矿工会用推土机将铝土矿的表土铲平，并用炸药松矿，再把开采出来的铝土矿装上车，运送到化工厂。

❷ 粉碎矿石

从矿区开采回来的矿石被送进粉碎机，变为细小的颗粒。在粉碎机里，流水会将颗粒表面的黏土冲洗干净。

❸ 压 煮

干净的铝土矿颗粒进入压煮器，等候多时的氢氧化钠溶液立刻变得躁动，与矿石中的氧化铝剧烈反应，生成可溶的铝酸钠。其他杂质沉淀于此，经过滤后被去除。

❹ 析出沉淀

铝酸钠溶液来到冷却器，冷却后往里面加入氢氧化铝晶种，并长时间搅拌，溶液中的铝酸钠便会渐渐分解，析出氢氧化铝。

❺ 煅 烧

用高温煅烧氢氧化铝，氢氧化铝脱去水分子，变成白色粉末状的氧化铝。接着，氧化铝粉末被输送到电解槽中，等待最后的蜕变。

❻ 电 解

电解槽里的温度高达 1000℃，氧化铝遇上其中的熔融冰晶石，快速溶解。给电解槽通电，铝离子跑到电极的一端，成为纯铝。

💡 知识加油站

人们很难制得 100% 的纯铁。按含碳量的不同，铁主要被分为成 3 类。含碳量在 2.11%～4.3% 之间的为生铁，含碳量在 0.02% 以下的为熟铁，含碳量在 0.02%～2.11% 之间的为钢。钢坚硬无比，它使摩天大楼得以屹立不倒。

有了钢筋的支撑，高大的楼房变得更加坚固。

迎来铝时代

铝有出色的抗腐蚀能力，即使表面"生锈"，内部的铝也会完好无损。铝质地轻盈，用它与其他金属制成合金，可以增加硬度，同时保持低密度。凭借优秀的"基因"，19 世纪时甚至比金还贵的铝，如今走在了时代前沿。

位于中国江苏省南京市牛首山的佛顶宫拥有巨大的铝合金穹顶，其铝合金结构的多项指标创造了世界第一的奇迹。

中国的长征五号运载火箭箭体主要由铝合金制成，火箭助推器的燃料中也使用了大量铝粉。

一些电脑采用阳极氧化铝制作外壳，这种材料不仅能给电脑抛光，还能增加硬度。

铝制易拉罐轻巧便宜，也能 100% 被回收利用。

灿烂的工艺制品

房屋窗户、电脑屏幕、眼镜镜片……无一不是玻璃。玻璃晶莹透亮，有些脆弱得不堪一击，有些却扛得住巨大的冲击力。和玻璃一样美丽而易碎的材料还有陶瓷，陶瓷比玻璃诞生得更早，用途也更广泛。

由精美到先进

距今大约两万年前，人类已经开始制造和使用陶器了。商周时期，中国出现了原始瓷器——青瓷，它由高岭土、长石、石英混合煅烧而成。如果烧制温度进一步提高，人们就能烧制出成熟的瓷器。公元 6 世纪，釉面洁白的白瓷出现了，施以彩色釉料后，色泽缤纷、做工精细的彩瓷也随之登场，它们种类繁多，声名远扬。如今，加入各种先进材料（如合金、纳米材料）的陶瓷，在建筑、航空航天、核技术、生物医学等多个领域大放异彩。

数千年来，人们一直醉心于陶瓷的烧制与装饰艺术。中国古代的制瓷技术一直领先于世界。

家用陶瓷

陶瓷平滑，光亮，易于清洗，自古以来一直用于制作茶、碗、杯等器具，现在，各式各样的陶瓷餐具更是屡见不鲜。陶瓷也广泛用于制作马桶、盥洗池、浴盆等浴室设备。

工业用陶瓷

陶瓷不导电，可用在输电线和发电机的火花塞中。陶瓷耐高温，耐腐蚀，是许多化学反应容器的绝佳选择。

人体内的陶瓷

陶瓷材料还可以用来制作身体的某些部件，如牙齿和关节。因为陶瓷坚硬却易碎，所以用来制作假牙的陶瓷里会掺入特殊的添加剂。

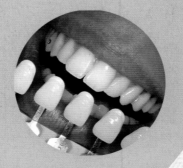

陶彩绘
女俑

陶彩绘
舞马

闪闪发亮很文艺

大约 4000 多年前，在美索不达米亚和古埃及等地，玻璃这种闪闪发亮的东西出现了。由于稀少，玻璃一度被当成昂贵的装饰品。约 3500 年前，两河流域已经出现了玻璃器皿。接下来的几千年时间里，制作玻璃的技术变得越来越炉火纯青。在玻璃中加入二氧化锰，玻璃褪去浅绿色，变得无色透明。往玻璃里添加不同的金属或金属化合物，玻璃就可以变幻为不同的颜色。很快，玻璃进入建筑、绘画等多个领域。

转长管，吹玻璃

早期的玻璃为钠钙玻璃。沙漠里遍布着一种叫作石英砂的硅氧化物，人们把它一车一车运回来，与石灰石（碳酸钙）、纯碱（碳酸钠）等混合，然后高温加热，就得到了玻璃。公元前 1 世纪，出现了玻璃吹制工艺。有经验的师傅拿起一根长长的空心管，浸入熔化的玻璃中，然后轻轻一挑，一面吹气，一面转动空心管，玻璃就被吹成各种好看的形状。玻璃成型后，还要经过退火、淬火等工序，才算大功告成。

清朝乾隆年间（1736—1795），意大利画家郎世宁将玻璃画技法传入中国，之后玻璃画便流行开来。图为 19 世纪的仕女图玻璃画。

夹层玻璃

汽车的挡风玻璃大多为质地坚硬且透明的夹层玻璃。经过特殊的处理，这种玻璃在发生碰撞后只会碎成小方块，而不是锋利的长片，也不会飞溅。

镀膜玻璃

镀膜玻璃广泛用于制作玻璃幕墙。由于涂有特殊的化学物质，镀膜玻璃可以反射大量太阳光。这样，隔着玻璃幕墙，室内的人可以看见室外，室外的人却看不见室内。

夹丝玻璃

在加工平板玻璃时，压入铁丝或铁丝网，就得到了夹丝玻璃。夹丝玻璃即便遭受冲击或高温，也能破而不缺，裂而不散，可以有效隔绝火势，因此常用于房屋天窗、天棚顶盖上。

迷人的高分子材料

坚硬的合金、美丽的陶瓷、迷人的玻璃、耐久的纤维……人们一直致力于追求更为完美的材料。19世纪末20世纪初，研究合成高分子材料的热情空前高涨，各种各样的高分子制品走进千家万户。

高分子化合物

许多简单的单体分子结合在一起，形成一长串分子"列车"，就得到了高分子化合物。

塑 料

塑料的主要成分是高分子化合物，制造塑料的原料几乎都来自化石燃料家族。例如，全世界产量最大、用途最广的聚乙烯就是由石油产物乙烯聚合而成的。最早的塑料是一种名为赛璐珞的材料，它来自天然的纤维素。1933年，白色的蜡状材料聚乙烯诞生，并逐渐在各个领域大显身手。随着聚乙烯的推广，聚苯乙烯、聚氯乙烯、聚氨酯、聚丙烯等高分子化合物也纷纷实现工业化生产，并在塑料领域大展拳脚。

常见的塑料型号

PET 聚对苯二甲酸乙二醇酯 常用于矿泉水瓶、碳酸饮料瓶、罐头盒等。

HDPE 高密度聚乙烯 常用于洗涤剂容器、沐浴产品容器等。

PVC 聚氯乙烯 常用于玩具、窗框、下水管道、医用管材等。

LDPE 低密度聚乙烯 常用于购物袋、塑料袋、保鲜膜等。

PP 聚丙烯 常用于微波炉餐盒、奶瓶等。

PS 聚苯乙烯 常用于快餐盒、用餐托盘等。

7 其他 其他 常用于餐具、汽车零件等。

上图为19世纪70年代由赛璐珞制作的仿象牙梳。

坚硬的塑料

早期使用的赛璐珞、电木（酚醛树脂）等都是热固性塑料，它们在加工时即发生化学反应，再次受热无法软化，因此普遍具有良好的尺寸稳定性和热稳定性。

一次性塑料袋多由低密度聚乙烯制成。

柔软的塑料

有些塑料既结实又柔软，广泛用于制作购物袋，如聚乙烯。这些塑料大多一经加热就会变软，可以多次塑形，故而得名热塑性塑料。

这条丝绸连衣裙由苯胺紫染料染制而成。

💡 知识加油站

自诞生以来，塑料工业就是一把"双刃剑"：带给人类便捷生活的同时，也产生了大量的废旧塑料垃圾。这些难以降解的垃圾肆意闯入生态圈，给不计其数的动植物带来灭顶之灾。现在，许多国家都执行了严格的"限塑令"，科学家也在致力于研究这些"隐形杀手"的"克星"。

纤 维

古代早期，普通人的衣服多由大麻、苎麻和葛藤等编织而成，更为精美的丝织物只有富人才买得起。因为舒适、美观，凝聚着中国人智慧的丝织品一度远销国外。20世纪30年代，第一款人造的合成纤维——尼龙（又称锦纶）诞生。与天然纤维相比，合成纤维更加耐热耐久，强度和弹性也更好，不过，透气性和舒适性却逊色于天然纤维。于是，化学家又琢磨着把合成纤维天然化、把天然纤维合成化，再或者将两者混合纺织，以制得性能更好的面料。

天然纤维

棉花、麻料、蚕丝、羊毛等都是天然纤维。

棉花　麻料　蚕丝　羊毛

合成染料

纤维材料塑造了衣物鲜明的个性，而色彩赋予了衣物多样的灵魂。色彩主要体现在衣物的印染上。很早以前，人们便尝试用动植物、矿物制作染料，但一些天然染料的昂贵程度远超我们的想象。好在化学又一次给世人带来了惊喜。1856年，英国科学家威廉·亨利·珀金利用来自煤焦油的苯胺制备出一种明亮的紫色化合物，它就是第一款人工合成染料——苯胺紫。

合成纤维

用来制造合成纤维的原料多来自石油化工制品，它们本身就是一些高分子化合物。

锦纶　腈纶　涤纶

40 余种

目前，全世界重要的合成纤维有 40 余种，包含涤纶、锦纶、腈纶、维纶、丙纶、氯纶等。

橡 胶

合成橡胶与塑料、合成纤维一起，被誉为"三大合成材料"。许多年前，橡胶的生产依赖于天然产胶植物，中美洲和南美洲的居民割胶时流出的胶乳经凝固及干燥，就能制得天然橡胶。天然橡胶的生产耗时耗力，远远满足不了市场需求。20 世纪 30 年代起，人们通过高分子聚合法，生产出了多种合成橡胶。

从橡胶树里收集的胶乳经加工后，可以变成天然橡胶。

橡胶枕

橡胶轮胎

让我们更健康

得益于化学的快速发展，我们的衣、食、住、行都发生了翻天覆地的变化。除此之外，化学还成功地帮助人们认识了营养，治愈了疾病，延长了寿命。

真正的营养学

民以食为天。人们每天都要吃足够多的食物，以维持身体的正常运转。如果缺乏某类营养物质，我们就会感觉不舒服，甚至生病。其实，早在 2000 多年前，我们的祖先就已经开始崇尚养生。《黄帝内经》里大量记载了有关中医养生的内容，不过当时还缺乏充足的科学依据。秦汉时期，许多帝王都是养生长寿的狂热爱好者，一大批著名的养生家涌现。那时，服用丹药的风气盛行，滥服金石类药物成为养生失败的尝试。到了近现代，随着化学和生物学的发展，人们逐渐了解人体新陈代谢的原理，并开始关注真正的营养学，蛋白质、维生素等概念逐渐深入人心。

《饮膳正要》为元代饮膳太医忽思慧所撰，是一部古代营养学专著。

从染缸里发现药物

从前，人们对一些疾病的根源一无所知，但慢慢认识细菌和病毒之后，人们开始意识到，不同的疾病是由不同的病原体引起的。1932 年，一款新合成的红色染料——百浪多息诞生，德国人格哈德·多马克用小白鼠做实验，发现这种染料对控制链球菌感染非常有效。刚好他的女儿那时因为感染链球菌，生命垂危。在绝望之际，多马克决定赌一把，他把未曾应用到人体的百浪多息注射到女儿体内，没想到女儿很快痊愈了。4 年后，科学家发现其中的有效成分是磺酰胺，于是纷纷投入对磺胺类药的合成研究之中。从此，人类迈入了抵抗病菌侵袭的新时代。

多马克

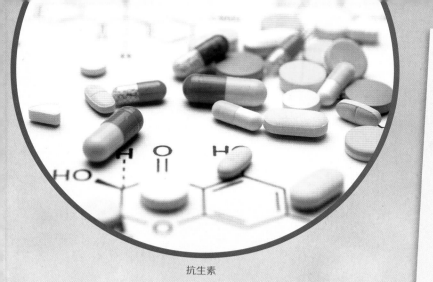

抗生素

抗生素的崛起

发现抗菌药之后，科学家面临的挑战远未结束，狡猾的病菌逐渐对磺胺类药产生了耐药性。1940 年前后，世界各地战争频发，被细菌感染的伤员一批接一批地倒下。幸运的是，在几位科学家的共同努力下，杀灭病菌的新"武器"——青霉素实现了量产。从此，青霉素成为拯救伤病患者的良药。继青霉素之后，链霉素、金霉素、氯霉素等越来越多的抗生素相继登场。从药物的合成到抗生素的应用，药物的发展一直与化学的发展齐头并进。2023 年，世界平均预期寿命为 72.6 岁，是 1900 年 31 岁的 2.34 倍。

人工合成核酸

1981 年，中国科学家王德宝等人完成了酵母丙氨酸转移核糖核酸的全合成工作，这是世界上第一个人工合成的具有全部生物活性的RNA分子。

新型材料守护健康

为了人类的健康，材料化学也不甘落后。科学家冥思苦想，将各种新材料应用到人的体表或体内，解决了许多难题。

可穿戴医疗设备

采用纳米材料和高分子材料制备的柔性传感器，可以贴附于皮肤或穿戴在身上，用来监测人体健康指标或帮助下肢瘫痪患者控制运动等。

可降解生物传感器

如果人工植入器件用可降解生物材料制成，就可以避免为取出器件而进行二次手术。科学家正在研究这种可自动降解被人体吸收的传感器。

阿司匹林

阿司匹林是生活中的常用药，可以用来缓解疼痛、解热抗炎，它和青霉素、安定一起被称为医药史上三大经典药物。

奇趣AI动画

走进"中百小课堂"
开启线上学习
让知识动起来！

扫一扫，获取精彩内容

紫杉醇

紫杉醇是目前发现的一种天然抗癌药物，它来自红豆杉（又称紫杉）的树皮，但由于红豆杉生长缓慢，无法从中大量分离出紫杉醇。20 世纪 90 年代，紫杉醇的人工合成已在多处实验室获得成功。

新的机遇和挑战

人类之所以要合成药物，是因为自然界提供的天然产物的量远远不够，成药性也有所不足。20 世纪下半叶，化学与生物学的交叉研究异军突起。1965 年 9 月 17 日，世界上第一个人工合成的蛋白质——牛胰岛素在中国诞生，一时之间轰动全球。
21 世纪初，包含中国在内的 6 国科学家共同参与完成的人类基因组计划，让人类进一步掌握了生命化学分子的关键密码，从而为脱离疾病、抵抗绝症、延长寿命带来了更多可能性。

人工合成牛胰岛素的出现，为人类认识生命、揭开生命奥秘迈出了可喜的一步，被誉为中国"前沿研究的典范"。

名词解释

玻意耳定律：一定质量的理想气体，在温度保持不变时，其压强和体积成反比。这一规律由英国科学家玻意耳和法国物理学家马略特分别在1662年、1676年各自通过实验发现，因此又称玻意耳-马略特定律。

单质：由同一种元素的原子组成的纯净物，如氢气、氦气、石墨、金等都是单质。一种元素可能有几种单质，如氧气和臭氧就是元素氧的两种单质。

电荷：物体或构成物体的质点所带的正电或负电。同性电荷相斥，异性电荷相吸。

电解：直流电通过电解质溶液或熔融状态的电解质，使阴阳两极同时产生化学反应的过程。

放射性：某些元素（如镭、铀等）不稳定的原子核，自发地放出粒子或 γ 射线，或在发生轨道电子俘获后放出X射线，或发生自发裂变的性质。

分馏塔：用于进行蒸馏分离的塔形装置。分馏塔内可以同时进行多次部分汽化和部分冷凝，从而分离液体混合物组分。

腐殖酸：由植物残体在空气和水分存在的条件下，经过部分分解而形成的一种复杂混合物，常存在于泥炭、褐煤和某些土壤中。

腐殖质：动植物残体及外源有机物料在土壤中经过微生物分解而形成的有机物质。能改善土壤，增加肥力。

高分子：高分子化合物的简称。其分子量高达数千乃至数百万，如蛋白质、淀粉、纤维素、塑料、橡胶等。

高炉：将铁矿石转化成生铁的竖式冶炼炉，从顶部装料，下部鼓风并出铁。

合金：由一种金属元素跟其他金属或非金属元素熔合而成的、具有金属特性的物质。

化合物：由不同元素组成的纯净物，有固定的组成和性质，如水、氧化汞。

磺胺类药：含有氨苯磺酰胺这一基本结构的合成抗菌药。

碱：化合物的一类，如氢氧化钠、氢氧化钾等，在水溶液中电离形成氢氧根离子。水溶液有涩味，可使石蕊试纸变蓝。

焦炭：烟煤等煤炭高温干馏获得的固体产物，主要用于冶炼钢铁及其他金属。炼铁高炉用焦炭代替木炭，为现代高炉的大型化奠定了基础，是冶金史上的一个重大里程碑。

磷：最早被人类发现的元素，存在白磷、红磷、黑磷3种单质。白磷着火点很低，易在空气中氧化，氧化时在暗处可见其发绿光。

煤：一种可以燃烧的固体矿产，主要成分是碳、氢、氧和氮。是古代植物埋在地下，经历复杂的化学变化和高温高压而形成的。最早的聚煤植物可以追溯到志留纪的裸蕨，普遍认为从泥盆纪晚期开始形成具有工业价值的煤矿床。

酶：具有生物催化功能的高分子物质。生物体的化学变化几乎都在酶的催化作用下进行，一种酶只能对某一类或某一个化学反应起催化作用。此外，酶的催化效率很高，一个酶分子在一分钟内能催化数百至数百万个反应物分子的转化。

美拉德反应：还原糖与游离氨基酸或蛋白质中的游离氨基，在一定条件下，发生的一系列反应。可以产生一些风味物质，最终可生成深褐色大分子物质，如类黑精。

燃素说：18世纪流行的对于燃烧的一种错误说法。当时认为可燃物质中存在着"燃素"，燃烧时"燃素"以光和热的形式逸出。后来，拉瓦锡的燃烧氧化说彻底推翻了燃素说，使化学开始蓬勃发展。

熔盐电解：利用电能加热并转换为化学能，将金属盐类熔融并作为电解质的电解过程。常用来提取和提纯铝、镁、钠等金属。

石墨烯：碳的一种新的晶状同素异形体，碳原子相互间围成正六边形平面蜂窝状的稳定结构。厚度仅相当于1个碳原子的直径。

水银：金属汞的俗称，是一种易流动的银白色液态金属。在自然界中以游离态或化合态（辰砂）存在。汞蒸气有剧毒。

酸：化合物的一类，如盐酸、硫酸等，在水溶液中电离形成氢离子。水溶液有酸味，可使石蕊试纸变红。

盐：酸中的氢离子被金属离子（或铵根离子）取代而形成的离子化合物。可以通过酸碱中和反应得到。

有机物：有机化合物的简称，也称有机分子。指含碳化合物（一氧化碳、二氧化碳、碳酸钙等简单的含碳化合物除外）。因曾被认为只在动植物机体内存在而得名。

元素：也称化学元素，是具有相同质子数的同一类原子的总称。至今已经发现的元素有118种，分金属、非金属、准金属、稀有气体等。

原子团：两种或两种以上元素的原子结合成的一个集合体。在许多化学反应中作为一个整体参加。有基（如甲基）、根（如氢氧根）、离子（如钠离子）等。

作者简介

左　馨

工学学士，新闻与传播学硕士。曾从事新闻记者工作，现为科普童书编辑，从事童书行业8年，科普图书编辑5年。策划编辑《汽车世界》《有趣的力学》《微生物王国》《奇妙的人体》《食物的奥秘》等科普书。

中国少儿百科知识全书

化学世界

左　馨 著

刘芳苇　魏孜子 装帧设计

责任编辑 沈　岩　策划编辑 闫佳桐
责任校对 陶立新　美术编辑 陈艳萍　技术编辑 许　辉

出版发行 上海少年儿童出版社有限公司
地址 上海市闵行区景路159弄B座5—6层　邮编 201101
印刷 深圳市星嘉艺纸艺有限公司
开本 889×1194　1/16　印张 3.75　字数 50千字
2024年3月第1版　2024年3月第1次印刷
ISBN 978-7-5589-0803-3/N·1270
定价 35.00 元

图书在版编目（CIP）数据

化学世界 / 左馨著. — 上海：少年儿童出版社，2024.3
（中国少儿百科知识全书）
ISBN 978-7-5589-0803-3

Ⅰ.①化… Ⅱ.①左… Ⅲ.①化学—少儿读物 Ⅳ.
①O6-49

中国国家版本馆CIP数据核字（2024）第033265号